DIANLI WANGLUO JIDIAN BAOHU DE JISUANJI ZHENGDING JISUAN

电力网络继电保护
的计算机整定计算

主 编 张永浩　　副主编 龚仁敏 仇向东

中国电力出版社
CHINA ELECTRIC POWER PRESS

内 容 提 要

本书较全面地叙述了电力系统继电保护计算机整定计算的基本原理和方法，主要内容包括概述、故障分析基础知识、电力网络简单故障计算、电力网络复杂故障的通用计算方法、大型电力网络分块计算的实用化计算方法、地区电网的供电方式、电力网络继电保护整定计算的基本原理、面向原理保护的整定计算程序设计、面向保护装置的整定计算程序设计、保护定值仿真的程序设计以及整定计算电网模型及方式图形信息。本书意在反映当前国内外电网继电保护计算机整定计算的动向和新成就，从新颖、实用角度出发，力求编写的内容与我国当前电网继电保护整定计算的实践密切结合。

本书既可作为高等学校继电保护专业及其相关专业学生的参考书，也可作为从事电力系统整定计算工作人员的工作手册。

图书在版编目（CIP）数据

电力网络继电保护的计算机整定计算 / 张永浩主编. —北京：中国电力出版社，2016.6
ISBN 978-7-5123-8769-0

Ⅰ. ①电… Ⅱ. ①张… Ⅲ. ①电力系统–继电保护–电力系统计算 Ⅳ. ①TM77

中国版本图书馆 CIP 数据核字（2016）第 025748 号

中国电力出版社出版、发行
（北京市东城区北京站西街 19 号　100005　http://www.cepp.sgcc.com.cn）
三河市百盛印装有限公司
各地新华书店经售
＊
2016 年 6 月第一版　　2016 年 6 月北京第一次印刷
787 毫米×1092 毫米　16 开本　12.5 印张　283 千字
印数 0001—5500 册　　定价 **58.00** 元

《电力网络继电保护的计算机整定计算》

编 委 会

前 言

本书以利用计算机进行电力系统继电保护整定计算为主线，共计 11 章，其中第 2、3 章总结了继电保护整定计算常用的故障分析方法、汇总了易出错的知识点（如计及接电抗自耦变压器各侧零序阻抗计算方法，接地系统发生接地故障不接地侧零序电压的计算方法等）。第 4～11 章全面阐述了当前主流继电保护整定计算开发所涉及的关键环节（图模描述方法、通用故障分析方法、面向原理整定、面向装置整定、定值仿真程序设计），并且针对当前大电网以及地区电网的特点，提出了针对性的解决方案，可作为新一代电力网络继电保护计算机整定计算开发的指导书。

本书由北京中恒博瑞数字电力科技有限公司的张永浩主编，第 1 章由仇向东、龚仁敏编写，张永浩审核，第 2 章由李广绪编写，张永浩、龚仁敏审核，第 3～5 章由龚仁敏编写，张永浩、周庆捷教授审核；第 6～11 章分别由刘聪、夏芸、王新花、金小波、李雪冬、仇向东编写，张永浩、仇向东、王增平教授审核；本书的算例由北京中恒博瑞数字电力科技有限公司继保工程部葛爱茹等编写，华北电力大学中恒博瑞研究生工作站学生参与了本书的文字编辑、校核等工作。

本书经华北电力大学张举教授审阅，并提出了许多宝贵意见，谨致以衷心的感谢。在编写过程中，得到了电网公司网、省、地调各级用户的关心、帮助，提供了许多参考资料，在此，一并致以衷心的感谢。

本书既可作为高等学校继电保护专业及其相关专业学生的参考书，也可作为从事电力系统整定计算工作人员的工作手册。

由于编者的水平和经验有限，书中错误在所难免，诚恳希望读者批评指正。

编　者
2015 年 10 月 27 日

目　录

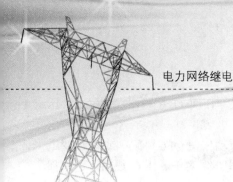

第 *1* 章

概　　述

1.1　电力系统继电保护的基本内容

1.1.1　电力系统继电保护的基本要求

电力系统继电保护是继电保护技术和继电保护装置的统称，它的基本任务是：

（1）当电力系统发生故障时，自动、迅速、有选择地将故障设备从电力系统中切除，保证系统的其余部分迅速恢复正常运行，并使故障设备不再继续遭到破坏。

（2）当发生不正常工作情况时，自动、及时、有选择地发出信号由运行人员进行处理，或者切除那些继续运行会引起故障的电气设备。

可见，继电保护是任何电力系统必不可少的组成部分，对保证系统安全运行、保证电能质量、防止故障的扩大和事故的发生，都有极其重要的作用。

根据电力系统继电保护的任务，对于作用于断路器跳闸的继电保护装置，提出以下几点基本要求，主要包括选择性、速动性、灵敏性和可靠性。

（1）选择性。电力系统发生故障时，继电保护的动作应当具有选择性，它仅将故障部分切除，而非故障部分能继续运行，尽量缩小中断供电的范围。

例如，在图 1–1 所示的电力系统中，K–1 处发生短路时，要求系统中只有线路保护装置 1 和 2 动作使断路器跳闸，A–B 线路被切除，而 B–C 线路和 B 变电所仍继续运行。

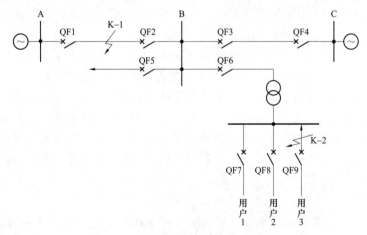

图 1–1　电力系统图

K–2 处发生短路时，只有线路保护装置 9 动作使断路器跳闸，切除故障线路，用户 3 停电，而系统中其他线路和变压器仍继续运行。

B 变电所的主变压器故障时，只有主变压器的保护装置动作使 QF6 跳闸，切除主变压器，用户 1～3 也都停电。

K–2 处发生短路时，如果 B 变电所主变压器的保护装置动作使 QF6 跳闸；或者 B 变电所的主变压器发生短路时，A–B、B–C 线路的保护装置动作切除 A–B、B–C 线路，这些都称为无选择性的动作。

必须指出，K–2 处短路，万一由于保护装置或断路器的缺陷而造成 QF9 不跳闸，这时允许 B 变电所主变压器的保护装置动作使 QF6 跳闸，切除故障，主变压器的保护装置起到了对相邻元件后备保护的作用。同样，对 A–B、B–C 线路的保护装置，也要求它们对相邻元件能起到后备保护的作用。这种由电力系统中相邻供电元件（如送电线路、变压器、发电机等）的继电保护装置来完成后备保护作用的方式，称为远后备保护，实现这种方式比较简单和经济。

但是，在某些高压电网中，实现远后备保护可能会比较困难（灵敏度或动作速度不能满足要求）。在图 1–1 所示的电力系统中，如果电源容量相对较小，线路相对较长，在主变压器内部发生故障时，流经线路的短路电流不大，因此，线路继电保护装置不能启动，对主变压器不能起到后备保护的作用。遇到这种情况，主变压器只能采用近后备保护方式，即主变压器装设两套保护，当变压器内部发生故障时，如果一套保护不能动作，则由另一套后备保护装置动作于跳闸。如果，还考虑到 QF6 可能有缺陷而拒动的情况，则再装有断路器失灵保护，它动作后将变电所 B 的系统电源供电线路的 QF2 和 QF3 也跳闸。

在我国，一般 110kV 及以下电网采用远后备保护方式，而 220kV 及以上电网采用近后备保护方式。

（2）速动性。电力系统发生故障后，要求继电保护装置尽快动作，切除故障部分，这样做的好处是：

1）系统电压恢复得快，减少对广大用户的影响。

2）电气设备损坏程度减轻。

3）防止故障扩大，对高压电网来说，快速切除故障更为必要，否则会引起电力系统震荡甚至失去稳定。

4）有利于电弧闪络处的绝缘强度恢复，当电源切除后又自动重新合上（即采用自动重合闸装置）再送电时容易获得成功（即提高了自动重合闸的成功率）。

要求继电保护动作十分迅速，同时又要保证动作具有选择性，在实施时往往要选用较复杂的继电保护装置，投资较大、维护不便。因此，应根据不同的保护对象在电力系统中的地位和作用，来确定其保护对动作迅速的具体要求。例如：对大容量的发电机和变压器，要求保护装置的动作时间在工频几个周期之内；对特高压和超高压输电线路，要求保护装置的动作时间在工频 1～2 个周期之内；但对某些低压线路，则允许为 1～2s，甚至更长。再有，对后备保护的动作时间，允许大于主保护的动作时间。

（3）灵敏性。灵敏性是指继电保护装置反应故障的能力，一般以灵敏系数的大小来衡量。对于保护总是期望其保护范围稳定，对于各种方式下各种故障类型均反应灵敏，但实际上做不到，或者其保护范围是变化的，所以为保证最不利情况下满足规定的最小保护范围要求，灵敏性要求范围尽可能大。

对不同类型的继电保护灵敏系数的计算方法和数值要求不同，将在第 7 章详细介绍。

（4）可靠性。电力系统中每一个继电保护装置都有明确的任务和保护范围。如果某一保护装置理应动作（在它的保护范围内发生故障）却未动作，则称为拒动；如果电力系统在正常运行或在该保护装置的保护范围以外发生故障，理应不动作却动作了，则称为误动。继电保护装置拒动或误动，都将严重威胁和破坏电力系统的安全运行。

可靠性是四性要求的前提，在设计、制造、整定和维护保护装置时都必须给予充分的考虑。为了提高保护装置动作的可靠性，在满足系统运行要求的前提下，应当选择最简单的保护方式，采用高质量的元件和尽可能简单地接线方式构成性能良好的装置，并采取必要的检测、闭锁和双重化保护等措施。此外，保护装置还应便于整定计算、调试和运行维护。

可靠性可用保护装置的正确动作率来衡量，它综合地反映了继电保护全面工作的效果，即

$$正确动作率=\frac{正确动作次数}{总动作次数}$$

以上对继电保护装置所提出的四个方面的要求有时是互相紧密联系的，有时又是互相矛盾的。例如：为了保证选择性，有时就需要保护动作必须具有一定的延时；为了保证灵敏度，有时就允许保护装置无选择地动作，再采取自动重合闸装置进行纠正；为了保证动作迅速和灵敏度，有时就采用比较复杂和可靠性稍差的保护。因此，在设计继电保护和使用继电保护装置时，要根据具体情况（被保护对象、电力系统条件、运行经验等），分清主要矛盾和次要矛盾，统筹兼顾，获得相对最优的结果。

1.1.2　继电保护整定计算目的及任务

为了满足电网对继电保护提出的四性要求，充分发挥继电保护装置的效能，必须合理地选择保护的定值，以保持各保护之间的相互配合关系。因此做好电网继电保护定值的整定计算是保证电力系统安全运行的必要条件。

继电保护整定计算是继电保护工作中的一项重要工作。不同的部门其整定计算的目的是不同的：电力生产的运行部门，例如电力系统的各级调度部门，其整定计算的目的是对系统中已经配置、安装好的各种继电保护，按照具体的参数和运行要求，通过计算分析给出所需的各项整定值，使全系统中各种继电保护有机协调地部署，正确地发挥作用；电力工程的设计部门，其整定计算的目的是按照所设计的电力系统进行计算分析，选择和论证继电保护的配置及选型的正确性，并最后确定其技术规范等，圆满地完成设计任务。

继电保护整定计算是一种系统工程，其基本任务是要对各种继电保护给出整定值；而对电力系统中的全部继电保护来说，则需编制出一个整定方案。整定方案通常可按电力系统的电压等级或设备来编制，并且还可按继电保护的功能划分成小的方案分别进行。例如，一个220kV 电网的继电保护整定方案，可分为相间距离保护方案、接地零序电流保护方案、重合闸方案、高频保护方案、设备保护方案等。这些方案之间既有相对的独立性，又有一定的配合关系。

各种继电保护适应电力系统运行变化的能力是有限的，因而，继电保护整定方案也不是一成不变的。随着电力系统运行情况的变化（包括基本建设发展和运行方式变化），当其超出预定的适应范围时，就需要对全部或部分继电保护重新进行整定，以满足新的运行需要。

对继电保护整定方案的评价，以整体保护效果的优劣来衡量，并不着眼于某一套继电保

护的保护效果。有时以降低某一个保护装置的保护效果来改善整体保护的保护效果，也是可取的。一个整定方案由于整定配合的方法不同，会有不同的保护效果。因此，如何获得一个最佳的整定方案，将是从事继电保护整定计算工作的工程技术人员的研究课题，也是个整定技巧问题。经过不断实践，能比较熟练地运用各种整定原则和熟知所保护的电力系统运行特征时，就能做出比较满意的整定方案。

必须指出，任何一种保护装置的性能都是有限的，或者说任何一种保护装置对电力系统的适应能力都是有限的。当电力系统的要求超出该种保护装置所能承担的最大变化限度时，该保护装置便不能完成保护任务。

举例来说，零序电流保护是一种原理简单、性能良好的接地保护装置，但当电网结构比较复杂（例如环状网络多、双回线路多、短线路多、有零序互感的线路多等）、运行方式变化又很大时，零序电流保护的灵敏度将变得很低，动作时间将很长，保护效果大为降低。此时，即使选取最佳整定方案也难以改善保护效果。又如，距离保护装置较电流保护装置性能优异，适应运行方式变化的能力较强。但用于短线路（约为 5～10km）或短路电流较小（一次值约为 8～10A）的情况时，整流型的距离保护也难以使用，这时就需要重新进行继电保护的配置和选型，以满足电力系统对继电保护的要求。

进一步说，当继电保护的配置和选型均难以满足电力系统的特殊要求时，必须考虑暂时改变电力系统的需要或采取某些临时措施加以解决。

整定计算的复杂性与保护原理相关，电力系统采用的保护原理基本是以工频量构成判据，常用的有电压、电流、功率方向、序分量、阻抗等，所以整定计算离不开正确的故障计算。从保护原理所采用的电气量上看，又分为两大类：一类是反应两侧电气量的保护，一类是反应单侧电气量的保护。反应两侧电气量的保护从保护对象的两侧获得电气量来判断故障是在区内还是区外，这种原理的保护其选择性、灵敏性、速动性实现了高度的统一，保护之间不存在相互配合关系，整定计算相对简单，此类保护在高压电网、发电机、主变等场合得到广泛应用。反应单侧电气量的保护从保护对象的一侧获得电气量判断故障位置，这种保护从原理上难以明确区分区内还是区外故障，一般是以阶段式构成，保护之间存在着严格的配合关系，其选择性、灵敏性、速动性相互影响，需通过整定计算来协调，此类保护在低压辐射型电网得到广泛应用。

总之，继电保护整定计算既有自身的整定技巧问题，又有继电保护的装置与选型问题，还有电力系统的结构和运行问题。因此，整定计算要综合、辩证、统一地运用。

整定计算的具体任务有以下几点：

（1）绘制电力系统接线图。

（2）绘制电力系统阻抗图，包括正序、负序、零序三个序网。

（3）建立电力系统设备参数表。

（4）建立电流、电压互感器参数表。

（5）确定继电保护整定需要满足的电力系统规模及运行方式变化限度。

（6）电力系统各点短路计算结果列表。

（7）建立各种继电保护整定计算表。

（8）按继电保护功能分类，分别绘制出整定值图。

（9）根据保护装置，编制整定定值通知单。

（10）编写整定方案报告书，包括但不限于接线图、基础设备参数、计算书、定值通知单等内容，着重说明整定的原则问题、整定结果评价、存在的问题及采取的对策等。

1.2 电力网络继电保护计算机整定计算

整定计算一般采用人工计算，但由于网络大、涉及方式多，采用人工计算解决不了。利用计算机进行整定计算只是工具变了，其本质的计算算法没有变化，只是将大量的计算交给计算机完成，所以本节介绍采用计算机进行整定计算的必要性。

1.2.1 利用计算机进行整定计算的必要性

利用计算机对继电保护整定计算涉及的电网图、设备参数、定值进行信息化管理，存储可靠、易于修改和信息传递、浏览直观、查询方便，可大大提高继电保护整定计算的效率和方便性。

从电网继电保护整定计算的角度出发，需要考虑的因素是多方面的，其中电网的接线方式和运行方式对定值计算的影响最大。随着电网的发展，电网规模愈来愈大，接线方式和运行方式日趋复杂。其中大环、小环相互重叠，长线、短线交错连接的状况已经比较普遍。这些都给保护定值的整定计算工作带来了困难。为了合理协调保护的灵敏性、选择性、速动性和可靠性这四者间的关系，使得各保护达到最佳的配合状态，就必须对电网的各种运行方式及多种故障情况进行反复周密的计算。在当今电网规模以及复杂的电网结构和多变的运行方式下，仍然采用人工计算难以满足生产实际的要求，利用计算机进行整定计算是唯一的选择，并从根本上提高工作的时效性，满足电网的快速发展。

对一些复杂的计算，以往只能做若干简化或根本不予考虑——如只计及电抗分量、正负序网近似等同、多回平行线间的零序互感的影响、变压器变比的改变、多重复故障的计算、非全相运行和非全相振荡的计算，这样会造成计算结果与真实情况不相符，很难保证定值的选择性和灵敏性。而利用计算机进行整定计算可实现计及电阻的复数计算、正负序网可分别对待、可考虑多回线间的零序互感、可进行多重复故障的计算，大大提高了整定计算的正确性。

因此，有必要研究开发继电保护定值计算的计算机辅助软件。

1.2.2 继电保护整定计算软件发展简介

从 20 世纪 70 年代开始，保护定值的整定计算便向利用数字计算机的方向发展。基本方法是将过去保护定值计算中有关各种故障的分析计算，改由通用数字计算机来完成。这种方式在算法上虽然可以计算很多以往用计算台难以计算的问题，使定值计算的速度和精度都发生了质的变化，但是利用通用短路电流程序的计算方法，仍然需要计算者用人工方式调整计算内容、查找计算结果、并用人工方法最后算出保护的定值。

20 世纪 80 年代以后，利用计算机技术提高整定计算工作效率的研究一直受到人们的重视，出现了基于 DOS 操作系统的整定软件（如，东北电力学院研制的故障计算软件、湖南省中调研制的故障计算软件），大幅度提高了计算速度和精度。但由于计算机技术等条件的限制，基于 DOS 操作系统的整定软件不仅缺乏友好的人机交互界面、操作使用不方便，另外电网模型的建立繁琐，不能很好地适应电网运行方式较大的变化情况，而且计算规模受限制，在复杂问题的处理方面还有许多不足。这些缺点严重制约了这类软件的推广使用。

20 世纪 90 年代以后，计算机技术蓬勃发展，软件开发技术大幅度提高。硬件价格迅速下降，严重制约各类软件计算速度、计算规模和处理图形等复杂问题的硬件瓶颈得以改善，同时电网发展迅速，由此出现了很多科研院所积极开发整定计算软件，各电网用户也积极支持整定软件开发的局面。

在计算机软件方面，Windows 操作系统和相关支持软件的发展，大大简化了各类专业应用软件的开发过程。随着新技术的出现，例如软件工程的思想、面向对象及组件技术的编程方法、人工智能及自适应技术、数据库技术等，开发出的图形化继电保护整定计算软件，实现了整定计算全过程的自动化，提供了方便直观的人机交互界面，完善了数据和信息的组织管理模式，有效解决了方式组合等复杂问题，成为新一代整定软件的发展方向。

基于 Windows 操作系统的图形化继电保护整定计算软件在 20 世纪 90 年代末、21 世纪初在各网省、地调、县调迅速得到了推广应用，主流整定计算软件厂家包括北京中恒博瑞数字电力科技有限公司、华中科技大学、山东鲁能集成电子，尤其是北京中恒博瑞首次提出了图形化继电保护整定计算软件五大经典功能模块（图形建模、故障计算、整定计算、定值仿真、数据管理），这一体系在业界成为标准模式，引领了整定计算软件领域的发展。

伴随电力系统电压等级不断提高，网络规模不断扩大，全国已经形成了东北电网、华北电网、华中电网、华东电网、西北电网和南方电网 6 个跨省的大型区域电网，并基本形成了完整的长距离输电网架。随着全国联网格局的形成，大范围优化配置资源能力的不断提高，相较以前，继电保护整定计算人员配备并未显著提高，现有的图形化继电保护整定计算软件系统已不能很好地适应当前需求。同时，随着智能电网建设的推进，国家电网提出"横向集成、纵向贯通"的发展要求，为了规范和推动"大运行"体系下继电保护整定计算工作，国家电网公司颁布《继电保护一体化整定计算技术规范》和 Q/GDW 422—2010《国家电网继电保护整定计算技术规范》相关标准规范，为继电保护整定计算一体化奠定了技术基础。三大主流整定计算软件厂家依托前期试点的一体化整定计算软件项目的实施经验，也参与了规范的编写。

一体化整定计算软件是建设智能电网在优化资源配置能力和整定计算方向更高要求下的产物。在此基础上，研究的继电保护整定计算系统旨在实现继电保护横向、纵向的一体化。建立全网统一模型，实现数据的交换和共享，横向上实现与其他系统的无缝接口，定值在线校核和远方修改定值等功能；纵向上加强各级电网运行方式衔接，在继电保护整定中加强各级调度、各级电网之间保护界面定值的相互配合以保证继电保护协调运行的思路，实现多级电网的纵向联合计算、集中校核和定值会商制度，按权限分层分区进行电网的建模和维护。其目标以联合整定计算为手段，统一整定原则、统一整定流程、统一建模、统一数据平台，提高整定计算工作的效率和质量，更好地满足继电保护的"四性"要求，确保电网安全稳定运行。

1.2.3 智能电网下一体化继电保护计算机整定计算的主要研究内容

随着智能电网的建设，为满足"大运行"体系下继电保护整定计算工作的要求，一体化整定计算将不同运行特点的网络连接为一张电网，包括环网、辐射网，网络复杂多变，运行特点各不相同，因此，智能电网下一体化继电保护计算机整定计算的主要研究内容有：

（1）通用故障分析方法及快速计算能力。

一体化整定计算需要解决各种不同运行特点网络遇到的故障计算问题，如：不对称过渡电阻短路、串补电容不对称击穿、同杆双回线跨线故障、不同地点同时发生故障等情况，采用传统的对称分量法无法解决这些问题，因此，需要研究复杂故障的通用分析方法。

另外，支路电流和分支系数（两者简称整定计算参数）是继电保护整定计算的重要参数，要计算最保守的整定计算参数，而不要考虑不同运行方式、不同故障点的组合关系，因此，研究快速计算整定计算参数的方法也非常必要。

（2）环网、辐射网的分层计算方法。

一体化整定计算研究对象为环网、辐射网不同特点的电网。省、网调为环形网络，网络联系紧密、规模巨大，需要解决大型电网的快速计算问题；而地区电网一般是环形布置，开环运行，需要解决一张网中同一受电区由不同大电源供电方式的快速生成问题。因此，要做好一体化整定计算，需重点解决以下两个方面内容：

1）大型电力网络分块计算的实用化计算方法；

2）地区电网的供电方式。

（3）整定计算程序设计。

继电保护整定计算是一门系统工程，涉及各类因素，从定值的角度主要分为两类：原理定值与装置辅助定值。

1）面向原理定值整定。原理定值一般根据导则及现场实际运行经验进行整定，需要考虑电网接线方式、运行方式、整定计算原则、定值取舍，与电网的运行方式息息相关，一般按保护类型分类整定，其程序设计主要关注断点的选取、运行方式的组合、实际整定经验在定值选取的应用等问题，这些问题都需要在设计原理保护整定功能时充分考虑。

2）面向装置整定。保护装置的定值项除了原理定值项，还包括保护装置自身的一些特有参数，如：启动值、闭锁值、原理值、保护控制字、出口控制字、压板定值等，这些定值项的整定除了需要满足相关配合关系以外，还与装置本身的设计原理密切相关。因此，面向装置整定的程序设计关键是建立基于专家系统的装置自定义平台。

（4）保护定值仿真程序设计。

定值整定完成之后，为了模拟定值在故障情况下保护的动作情况，校核定值整定的正确性，需要人工模拟故障，查看保护的动作行为，对保护定值进行仿真。保护定值仿真程序设计的关键问题是保护装置特性的模拟、仿真时刻的选取等。

（5）通用的标准基础数据模型。

电力系统是一个互联互通的系统，要实现一体化运行管理，需要建立通用的标准基础数据模型，以便达到各级调度、不同专业应用的融合，解决不同整定计算软件厂家、不同系统的数据壁垒问题。

1.2.4 新形势下继电保护计算机整定计算的发展前景

（1）新原理继电保护的提出，简化了定值整定计算工作，计算机整定计算向自动化和免整定方向发展。现代经济和社会的发展使电力系统的电压等级升高、电网复杂程度增加，给电力系统的安全稳定运行带来巨大挑战。作为保障电力系统安全稳定运行"三道防线"中第一道防线的继电保护也面临严峻的考验，传统保护整定配合越来越困难。

随着国家电网公司智能电网建设的开展，智能电网的特征带来的网络重构、分布式电源接入、微网运行等技术，对继电保护提出了新的要求，基于本地测量信息及少量区域信息的常规保护在解决这些问题时面临较大的困难；同时，新技术（如新型传感器技术、时钟同步及数据同步技术、计算机技术、光纤通信技术等） 的研究与应用也给继电保护的发展提供了广阔的发展空间。在以上因素的促进下，未来的继电保护将朝着立体化、多层次的方向发展，除了当前基于间隔的保护之外，利用丰富的全站同步信息可构成站域保护，此外基于广域测量信息，从系统的角度综合考虑继电保护设计和配置的广域继电保护得到了越来越多的关注。广域保护系统在获取电网广域测量信息基础上，以全新的方式解决了大电网继电保护和安全自动装置之间的协调问题，是今后继电保护的发展方向。

因此，未来继电保护整定计算更加容易，对传统整定软件的智能性需求大大降低，更易实现计算机的批量整定计算，继电保护计算机整定计算将更加注重继电保护的管理工作，并向整定自动化、免整定方向发展。

（2）"云计算"模式的整定计算也将成为未来的发展趋势。"云计算"模式的整定计算也将成为未来的发展趋势。"云计算"是一种新的计算模式，能够快速部署资源及获得服务，按需扩展和使用，并且可以快速处理大量数据。"云计算"的基本原理是将部署在企业内部、部署在 IT 基础上的应用移到网络，转移到云端，构建资源池，利用网络把庞大的计算程序分拆成无数个较小的子程序，再利用多部服务器组成庞大的系统对程序进行搜索、计算和分析后，把结果传回给用户。

"云计算"可以理解为一台"超级计算机"，它的主机是由无数台电脑组成的基础架构（IaaS），而 PaaS（平台）即服务则是运行在这台主机上的操作系统，由软件供应商放在"云计算"平台上的 SaaS（软件）即服务则是安装在这台超级计算机上的应用，用户可以通过浏览器访问这台"超级计算机"，根据用户类别对这台"超级计算机"进行不同的操作，包括云存储、云计算、云软件应用等，最终结果直接显示在终端显示器上。

引入"云计算"技术的一体化继电保护整定计算系统，利用"云计算"的上述优势能够提高整定计算速度，将整定软件做成服务，部署在电力云平台上，实现 B/S 模式，使得未来继电保护计算机整定计算分析及管理工作更加方便。

1.3　小结

继电保护整定计算是一门系统工程，涉及电网结构、运行方式、保护原理、定值含义、计算原则、取舍利弊、数据来源、误差评估等问题。一体化整定计算软件是建设智能电网在优化资源配置能力和整定计算更高要求下的产物，在智能电网建设新形势下，一体化整定计算是智能电网建设的重要组成部分。

1.4　参考文献

[1] 张举.电网继电保护及安全自动装置整定计算 [M]. 北京：华北电力大学，1998.
[2] 陈永琳.电力系统继电保护的计算机整定计算 [M]. 北京：中国电力出版社，1994.
[3] 张志竟，黄玉铮.电力系统继电保护原理与运行分析 [M]. 北京：中国电力出版社，1997.

故障分析基础知识

2.1 标幺制

　　某电量用实际值表示其大小时，这个值称为它的有名值；如果选定一个基准值，用实际值与基准值的比值表示其大小，则这个值称为它的标幺值。所以，标幺值是一个无量纲的相对值。在电力系统故障分析计算中，广泛应用标幺制。由于标幺制有很多优点，它可使复杂的物理量之间的关系和过程变得简化，使计算变得容易。在标幺制中各种物理量都用标幺值（即相对值）来表示，计算结果也为标幺值，如果要得到有名值，可用标幺值乘以基准值得到。

2.1.1 标幺值

　　标幺值的一般数学表达式为：

$$标幺值（相对值）= \frac{有名值（有单位的物理量）}{基准值（与有名值同单位的物理量）} \tag{2-1}$$

　　对于任一物理量均可用标幺值表示。例如，电阻、电抗的标幺值分别为：

$$\left. \begin{array}{l} R_* = \dfrac{R}{Z_B} \\[2mm] X_* = \dfrac{X}{Z_B} \end{array} \right\} \tag{2-2}$$

　　式中：R、X 为电阻、电抗的有名值，Ω；Z_B 为阻抗基准值，Ω。

　　又如，有功功率、无功功率、视在功率的标幺值分别为：

$$\left. \begin{array}{l} P_* = \dfrac{P}{S_B} \\[2mm] Q_* = \dfrac{Q}{S_B} \\[2mm] S_* = \dfrac{S}{S_B} \end{array} \right\} \tag{2-3}$$

　　式中：P 为有功功率，MW；Q 为无功功率，Mvar；S 为视在功率，MVA；S_B 为功率基准值，MVA。

2.1.2 基准值的选取

　　一般情况下，基准值可以是任意值，但是为了计算简便，要求各电量的基准值之间满足一定的关系。下面以三相电路为例进行说明。

通常对对称的三相电力系统进行故障分析计算时，都化简为星形等值电路。在这个电路中，线电压是相电压的 $\sqrt{3}$ 倍，线电流等于相电流，三相功率是单相功率的三倍。各物理量 U、I、S、Z 间有以下两个基本关系，即

$$\left.\begin{array}{l} U = \sqrt{3}\,Z\,I \\ S = \sqrt{3}\,U\,I \end{array}\right\} \tag{2-4}$$

式中：U 为线电压；S 为三相功率；I 为相电流；Z 为相阻抗。

如果选定各量基准值满足下列关系

$$\left.\begin{array}{l} U_B = \sqrt{3}\,Z_B I_B \\ S_B = \sqrt{3}\,U_B I_B \end{array}\right\} \tag{2-5}$$

将式（2-4）除以式（2-5）中的对应项后可得：

$$\left.\begin{array}{l} U_* = Z_* I_* \\ S_* = U_* I_* \end{array}\right\} \tag{2-6}$$

式（2-6）表明，在标幺制中三相电路的关系式类似于单相电路。

式（2-5）中有四个基准值，可以任选两个，一般先选定电压和功率的基准值，则电流和阻抗的基准值分别为

$$I_B = \frac{S_B}{\sqrt{3}\,U_B} \tag{2-7}$$

$$Z_B = \frac{U_B}{\sqrt{3}\,I_B} = \frac{U_B^2}{S_B} \tag{2-8}$$

式中：S_B 为基准容量，MVA；U_B 为基准电压，kV。

2.1.3　基准值改变时标幺值的换算

电力系统中各种电气设备如发电机、变压器、电抗器的阻抗参数均是以其本身额定值为基准值的标幺值或百分值，而在进行电力系统故障计算时，必须选取统一的基准值，因此，要将原来以本身额定值为基准值的阻抗标幺值换算到统一基准值下的标幺值。

若电抗 X 对应不同的基准值的标幺值分别为

$$\left.\begin{array}{l} X_{*(B)} = X\dfrac{S_B}{U_B^2} \\[2ex] X_{*(N)} = X\dfrac{S_N}{U_N^2} \end{array}\right\} \tag{2-9}$$

式中：下标 B 表示统一基准值及其对应的标幺值；下标 N 表示设备额定值以及对应的标幺值。

由式（2-9）可得 $X_{*(B)}$ 与 $X_{*(N)}$ 间的转换关系为

$$X_{*(B)} = X_{*(N)}\left(\frac{U_N}{U_B}\right)^2\left(\frac{S_B}{S_N}\right) = X_{*(N)}\left(\frac{U_N}{U_B}\right)\left(\frac{I_B}{I_N}\right) \tag{2-10}$$

若选择 $U_B = U_N$

$$X_{*(B)} = X_{*(N)} \left(\frac{S_B}{S_N} \right) = X_{*(N)} \left(\frac{I_B}{I_N} \right) \qquad (2-11)$$

在电力系统的故障分析计算中，一般采用近似计算法。所谓近似计算法就是用变压器两侧网络的平均额定电压之比代替变压器的实际变比，这种近似可使计算大为简化，其结果也能满足工程要求。采用近似计算法，各级不同电压等级的电网选择基准电压时一律选择各级电网的平均额定电压，见表 2–1，而基准容量（功率）选择同一参数，一般选择 100MVA 或 1000MVA。

表 2–1　　　　　　　　　　　各级电网的平均额定电压值　　　　　　　　　　　　kV

电网额定电压	3	6	10	35	110	220	330	500
平均额定电压	3.15	6.3	10.5	37	115	230	345	525

2.1.4　电力系统中各元件标幺值的计算

电力系统中各元件标幺值的计算见表 2–2。

表 2–2　　　　　　　　　　　　　正/负阻抗标幺值的计算

元件名称	正序等值电路	正/负序标幺值	备 注
发电机	X_G	$X_{G*(B)} = X_{G*(N)} \dfrac{U_{GN}^2}{S_{GN}} \times \dfrac{S_B}{U_B^2}$ 发电机旋转元件负序阻抗与正序阻抗不同，一般按照以下取值 $X_{G2*(B)} = \dfrac{[X_{d(N)}'' + X_{q(N)}'']}{2} \dfrac{U_{GN}^2}{S_{GN}} \times \dfrac{S_B}{U_B^2}$	U_N —额定电压 U_B —基准电压 S_N —额定容量 S_B —基准容量 $X_{G*(N)}$ —发电机正序电抗 l —线路长度 Z_L —线路单位正序阻抗 $X_R(\%)$ —电抗百分比
线路	Z_L	$Z_{L*(B)} = l Z_L \dfrac{S_B}{U_B^2}$	
电抗器	X_R	$X_{R*(B)} = \dfrac{X_R(\%)}{100} \left(\dfrac{U_N}{U_B} \right) \left(\dfrac{I_B}{I_N} \right)$	
双绕组变压器	X_T	$X_{T*(B)} = \dfrac{U_S}{100} \left(\dfrac{U_N}{U_B} \right)^2 \left(\dfrac{S_B}{S_N} \right)$	
三绕组变压器	X_{T1} X_{T2} X_{T3}	$X_{T1*(B)} = \dfrac{\frac{1}{2}(U_{S1\text{-}3} + U_{S1\text{-}2} - U_{S2\text{-}3})}{100} \left(\dfrac{U_N}{U_B} \right)^2 \left(\dfrac{S_B}{S_N} \right)$ $X_{T2*(B)} = \dfrac{\frac{1}{2}(U_{S1\text{-}2} + U_{S2\text{-}3} - U_{S1\text{-}3})}{100} \left(\dfrac{U_N}{U_B} \right)^2 \left(\dfrac{S_B}{S_N} \right)$ $X_{T3*(B)} = \dfrac{\frac{1}{2}(U_{S1\text{-}3} + U_{S2\text{-}3} - U_{S1\text{-}2})}{100} \left(\dfrac{U_N}{U_B} \right)^2 \left(\dfrac{S_B}{S_N} \right)$	

零序阻抗标幺值的计算见表 2-3。

表 2-3   零序阻抗标幺值的计算

元件名称	零序等值电路	零序标幺值	备 注
发电机	X_{G0}	$X_{G0*(B)} = X_{G0*(N)} \dfrac{U_{GN}^2}{S_{GN}} \times \dfrac{S_B}{U_B^2}$	
线路	Z_{L0}	$Z_{L0*(B)} = lZ_{L0} \dfrac{S_B}{U_B^2}$	
电抗器	X_{R0}	$X_{R*(B)} = \dfrac{X_R(\%)}{100}\left(\dfrac{U_N}{U_B}\right)\left(\dfrac{I_B}{I_N}\right)$	
双绕组变压器（YNd）经 X_n 接地	X_{T0} $3X_n$	$X_{T0*(B)} = (X_{T0} + 3X_n)\left(\dfrac{S_B}{U_B^2}\right)$	U_N—额定电压 U_B—基准电压 S_N—额定容量 S_B—基准容量 $X_{G0*(N)}$—发电机零序电抗 l—线路长度 Z_{L0}—线路单位零序阻抗 $X_R(\%)$—电抗百分比 X_{T0}—变压器高压侧加压实测零序电抗 实测变压器零序电抗： A—高压侧加压、中低压侧开路 B—中压侧加压、高低压侧开路 C—高压侧加压、中压侧短路、低压侧开路 D—中压侧加压、高压侧短路、低压侧开路 k—高、中压绕组变比：$k = U_{1N}/U_{2N}$ X_n—接地电抗
三绕组变压器（YNynd）	X_{T1} X_{T2} X_{T3}	算法 1：将各侧折算到高压侧有名值，计算完毕后折算到基准值的标幺值 $X_{T1*(B)} = \left[A - \sqrt{B\dfrac{U_{N1}^2}{U_{N2}^2}(A-C)}\right]\left(\dfrac{S_B}{U_B^2}\right)$ $X_{T2*(B)} = \left[C - \sqrt{B\dfrac{U_{N1}^2}{U_{N2}^2}(A-C)}\right]\left(\dfrac{S_B}{U_B^2}\right)$ $X_{T3*(B)} = \sqrt{B\dfrac{U_{N1}^2}{U_{N2}^2}(A-C)}\left(\dfrac{S_B}{U_B^2}\right)$	
自耦变压器（YNynd）	X_{T1} X_{T2} X_{T3}	算法 2：将各侧有名值折算到额定值下的标幺值，计算完再折算到基准值下的标幺值 $X_{T1*(B)} = \left[A\dfrac{S_N}{U_{N1}^2} - \sqrt{B\dfrac{S_N}{U_{N2}^2}(A-C)\dfrac{S_N}{U_{N1}^2}}\right]\left(\dfrac{S_B}{S_N}\right)$ $X_{T2*(B)} = \left[C\dfrac{S_N}{U_{N1}^2} - \sqrt{B\dfrac{S_N}{U_{N2}^2}(A-C)\dfrac{S_N}{U_{N1}^2}}\right]\left(\dfrac{S_B}{S_N}\right)$ $X_{T3*(B)} = \sqrt{B\dfrac{S_N}{U_{N2}^2}(A-C)\dfrac{S_N}{U_{N1}^2}}\left(\dfrac{S_B}{S_N}\right)$ 算法 3：将各侧有名值折算到基准值（基准容量、额定电压）下的标幺值进行计算 $X_{T1*(B)} = A\dfrac{S_B}{U_{N1}^2} - \sqrt{B\dfrac{S_B}{U_{N2}^2}(A-C)\dfrac{S_B}{U_{N1}^2}}$ $X_{T2*(B)} = C\dfrac{S_B}{U_{N1}^2} - \sqrt{B\dfrac{S_B}{U_{N2}^2}(A-C)\dfrac{S_B}{U_{N1}^2}}$ $X_{T3*(B)} = \sqrt{B\dfrac{S_B}{U_{B2}^2}(A-C)\dfrac{S_B}{U_{B1}^2}}$	
三绕组变压器（YNynd）高压侧经 X_n 接地	X_{T1} $3X_n$ X_{T2} X_{T3}	高压侧经接地电抗 X_n 接地其等值电抗为： $X'_{T1*(B)} = X_{T1*(B)} + 3X_n\dfrac{S_B}{U_{B1}^2}$	

元件名称	零序等值电路	零序标幺值	备 注
自耦变压器（YNynd）经过小电抗 X_n 接地	 $3X_n(k-1)k$ — X_{T2} X_{T1} $3X_n(1-k)$ $3X_nk$ — X_{T3}	变压器各侧经接地电抗后的等值电抗为 $X'_{T1*(B)} = X_{T1*(B)} + 3X_n(1-k)\dfrac{S_B}{U_{B1}^2}$ $X'_{T2*(B)} = X_{T2*(B)} + 3X_n(k-1)k\dfrac{S_B}{U_{B1}^2}$ $X'_{T3*(B)} = X_{T3*(B)} + 3X_nk\dfrac{S_B}{U_{B1}^2}$	

2.1.5 标幺值的优点

（1）用标幺值表示参数，能在数量中体现质量，使得比较参数的优劣有一个合理的基础，便于判断电气设备的特性、参数和运行状态是否正常。对同一类型的电气设备而言，即使以有名值表示的额定参数相差很大，但用标幺值表示时则总限于一狭小的范围内，彼此之间不致有很大的出入。因此，同一类型的电气设备的某些参数值，其标幺值往往具有普遍的意义。在实际应用上利用典型参数制作的计算曲线具有较大的适应性。

（2）简化计算。只要适当选取基准值，可使很多物理量的数值处于一定的范围内，有些用有名值表示时数值不等的量，而在标幺制中数值相等，例如线电压的标幺值等于相电压的标幺值等。

（3）采用标幺值能够简化计算公式。交流电路中有一些量与频率有关，频率 f 或电气角速度 $\omega = 2\pi f$，也可以用标幺值表示。如果选取额定频率 f_N 和相应的同步角速度 $\omega_N = 2\pi f_N$ 作为基准值，则 $f_* = f / f_N$ 和 $\omega_* = \omega / \omega_N$。当实际频率为额定值时 $f_* = \omega_* = 1$，即可使有些公式得到简化，如表 2–4 所示。

表 2–4　　　　　　　　　　采用标幺值可简化的公式

用有名值表示	用标幺值表示
$X = \omega_s L$	$X_* = L_*$
$\psi = IL$	$\psi_* = I_* X_*$
$E = \omega_s \psi$	$E_* = \psi_*$

标幺值的缺点是没有量纲，因而物理概念不如有名值明确。

2.2　网络化简、电流分布系数和转移电抗

2.2.1　网络的等效变换

常用网络变换的基本公式见表 2–5。

表 2–5　　　　　　　　　　　　常用网络变换的基本公式

变换名称	变换前网络	变换后等效网络	等效网络的阻抗	变换前网络中电流计算公式
串联	$\dot I_1,Z_1;\ \dot I_2,Z_2;\ \dot I_3,Z_3$	$\dot I,\ Z_{eq}$	$Z_{eq}=Z_1+Z_2+\cdots+Z_n$	$\dot I_1,\dot I_2,\cdots,\dot I_n=\dot I$
并联	$\dot I_1,Z_1;\ \dot I_2,Z_2;\ \cdots\ \dot I_n,Z_n;\ \dot I$	$\dot I,\ Z_{eq}$	$Z_{eq}=\dfrac{1}{\dfrac{1}{Z_1}+\dfrac{1}{Z_2}+\cdots+\dfrac{1}{Z_n}}$	$\dot I_n=\dfrac{Z_{eq}}{Z_n}\dot I$
有电动势源支路的并联	$\dot E_1,\dot I_1,Z_1;\ \dot E_2,\dot I_2,Z_2;\ \cdots\ \dot E_n,\dot I_n,Z_n;\ \dot I,\dot U$	$\dot E_{eq},\ \dot I_{eq},\ Z_{eq},\ \dot U$	$Z_{eq}=\dfrac{1}{\dfrac{1}{Z_1}+\dfrac{1}{Z_2}+\cdots+\dfrac{1}{Z_n}}$ $\dot E_{eq}=Z_{eq}\left(\dfrac{\dot E_1}{Z_1}+\dfrac{\dot E_2}{Z_2}+\cdots+\dfrac{\dot E_n}{Z_n}\right)$	$\dot I_n=\dfrac{\dot E_n-\dot U}{Z_n}$ $\dot I=\dfrac{\dot E_{eq}-\dot U}{Z_{eq}}$
三角形变星形	$L,\ \dot I_{ML},Z_{ML};\ \dot I_{LN},Z_{LN};\ Z_{NM},\dot I_{NM};\ M,N$	$L,\ Z_L,\dot I_L;\ Z_M,\dot I_M;\ Z_N,\dot I_N;\ M,N$	$Z_L=\dfrac{Z_{ML}Z_{LN}}{Z_{ML}+Z_{LN}+Z_{NM}}$ $Z_M=\dfrac{Z_{ML}Z_{NM}}{Z_{ML}+Z_{LN}+Z_{NM}}$ $Z_N=\dfrac{Z_{NM}Z_{LN}}{Z_{ML}+Z_{LN}+Z_{NM}}$	$\dot I_{ML}=\dfrac{\dot I_M Z_M-\dot I_L Z_L}{Z_{ML}}$ $\dot I_{LN}=\dfrac{\dot I_L Z_L-\dot I_N Z_N}{Z_{LN}}$ $\dot I_{NM}=\dfrac{\dot I_N Z_N-\dot I_M Z_M}{Z_{NM}}$
星形变三角形	$L,\ Z_L,\dot I_L;\ \dot I_M,Z_M;\ \dot I_N,Z_N;\ M,N$	$L,\ \dot I_{ML},Z_{ML};\ Z_{LN},\dot I_{LN};\ Z_{NM},\dot I_{NM};\ M,N$	$Z_{ML}=Z_M+Z_L+\dfrac{Z_M Z_L}{Z_N}$ $Z_{LN}=Z_L+Z_N+\dfrac{Z_L Z_N}{Z_M}$ $Z_{NM}=Z_N+Z_M+\dfrac{Z_N Z_M}{Z_L}$	$\dot I_L=\dot I_{LN}-\dot I_{ML}$ $\dot I_N=\dot I_{NM}-\dot I_{LN}$ $\dot I_M=\dot I_{ML}-\dot I_{NM}$

变换名称	变换前网络	变换后等效网络	等效网络的阻抗	变换前网络中电流计算公式
多支路星形变为对角连接的网形	(星形网络图：A, B, C, D 四支路经 Z_A、Z_B、Z_C、Z_D 连接，电流 $\dot{I}_A$、$\dot{I}_B$、$\dot{I}_C$、$\dot{I}_D$)	(对角连接网形图：Z_{AB}、Z_{AC}、Z_{AD}、Z_{BD}、Z_{BC}、Z_{CD}，电流 $\dot{I}_{DA}$、$\dot{I}_{AB}$、$\dot{I}_{AC}$、$\dot{I}_{BD}$、$\dot{I}_{CD}$、$\dot{I}_{BC}$)	$Z_{AB}=Z_AZ_B\sum\dfrac{1}{Z}$ $Z_{BC}=Z_BZ_C\sum\dfrac{1}{Z}$ ... 式中： $\sum\dfrac{1}{Z}=\dfrac{1}{Z_A}+\dfrac{1}{Z_B}+$ $\dfrac{1}{Z_C}+\dfrac{1}{Z_D}$	$\dot{I}_A=\dot{I}_{AC}+\dot{I}_{AB}-\dot{I}_{DA}$ $\dot{I}_B=\dot{I}_{BC}+\dot{I}_{BD}-\dot{I}_{AB}$ ...

2.2.2 利用网络的对称性简化网络

在电力系统中，常常会遇到这样的情况，网络对于某些短路点具有对称性。在对称网络的对应点上，其电位必然相同。因此，网络中不直接连接的同电位的点，依据简化的需要，可以认为是直接连接的。网络中同电位的点之间如有电抗存在，则可根据需要将它短接或拆除，经过这样处理后，可化简网络。

例如，在图 2–1（a）所示的网络中，如果所有发电机的电动势都等于 $\dot{E}$，电抗都等于 x_G，所有变压器 10kV 侧的绕组漏抗都等于 x_{T1}，110kV 侧的绕组漏抗都等于 x_{T3}，35kV 侧的绕组的漏抗都等于 x_{T2}，电抗器的电抗都为 x_r，这样的网络在某些点发生短路时就存在着上面所说的对称关系。

图 2–1（b）给出了该系统的等效网络。可以看出，在 35kV 母线上 K_1 点短路时，网络对于短路点是对称的，因而网络中各对称部分相应点上的电位是一样的，即Ⅰ、Ⅱ、Ⅲ点的电位一样，Ⅳ、Ⅴ、Ⅵ三点直接相连。这样，得到图 2–1（c）所示的网络。同样，如果 K_2 点发生短路，网络也是对称的。

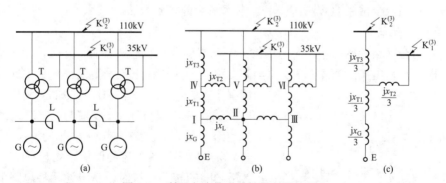

图 2–1 利用电路的对称性进行网络简化

（a）网络接线图；（b）等效网络；（c）简化等效网络

对一个具体的网络进行化简，采取的步骤、方法可能有多种。因此，在具体进行变换前，应当先全面考虑所有可能的变换步骤，经过分析和比较，采用其中最简便的。

必须指出，无论对网络进行了何种变换与简化，其"内部"可能已发生了很大变化，但对"外部"而言，仍然是等值的。

2.2.3 转移电抗及分布系数

在某些情况下，往往不容许把所有的电源都合并成一个等值电动势和电抗来计算短路电流，而是需要保留若干个等值电源，例如，图 2-2（a）中的 $\dot{E}_1$、$\dot{E}_2$ 及 $\dot{E}_3$，因此，需求出这些电源分别与短路点之间直接相连的电抗，即简化为如图 2-2（b）所示的形式。这样，总的短路电流即为各电源所供给的短路电流之和。

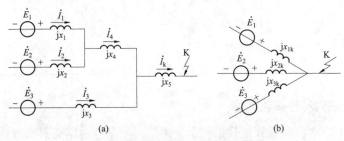

图 2-2　转移电抗求解示意图
（a）等效网络；（b）简化等效网络

如果网络中的电动势不止三个，而是有任意多个，电动势分别为 $\dot{E}_1$，$\dot{E}_2$，$\cdots$，$\dot{E}_n$，则短路电流的一般算式为

$$\dot{I}_k = \frac{\dot{E}_1}{jx_{1k}} + \frac{\dot{E}_2}{jx_{2k}} + \cdots + \frac{\dot{E}_i}{jx_{ik}} + \cdots + \frac{\dot{E}_n}{jx_{nk}} \tag{2-12}$$

式中：$\dot{E}_i$ 为网络中某一电源的电动势；x_{ik} 为网络中某一电源和短路点之间的转移电抗。

这实际上是重叠原理在线性电路中的运用。如果仅在 i 支路中加电动势 $\dot{E}_i$，则 $\dot{E}_i$ 与在 k 支路中所产生的电流值比即为 i 支路与 k 支路之间的转移电抗。

一般情况下，电源的电动势是已知的，因此，要进行短路电流计算，首先必须求出各个相应的转移电抗。求转移电抗的方法很多，前面所介绍的网络变换法就是常用的方法之一。下面再补充介绍两个常用的方法，即单位电流法和分布系数法。

2.2.3.1 单位电流法

在没有闭合回路的网络中，应用单位电流法求转移电抗较为简便。那么，什么是单位电流法呢？根据转移电抗的概念，i 支路与 k 支路之间的转移电抗是指仅在 i 支路加电动势 $\dot{E}_i$ 的情况下，$\dot{E}_i$ 与在 k 支路中所产生的电流的比值。又由电路的互易定理可知，i 支路与 k 支路之间的转移电抗也等于仅在 k 支路加电动势 $\dot{E}_k$ 的情况下，$\dot{E}_k$ 与在 i 支路中所产生的电流的比值。因此，计算 i 支路与 k 支路之间的转移电抗时，从上述两种思路的任一思路出发进行计算都可以。以图 2-2 为例，求各电源支路对短路支路的转移电抗时，便可以从图 2-3 的电路进行计算。图 2-3 是在图 2-2 中令各电源支路原有的电动势为零，即 $\dot{E}_1 = \dot{E}_2 = \dot{E}_3 = 0$，并仅在短路支路加

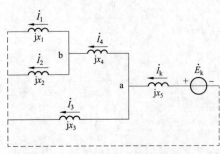

图 2-3　用单位电流法求转移电抗

电动势 $\dot{E}_k$ 的情况。具体计算时有两种方式：一种是，设 $\dot{E}_k$ 为某一已知值，计算各电源支路中的电流求转移电抗；另一种是，设某一支路的电流为某一已知值，为方便计算，通常取为 1（单位电流），再推算其他支路中的电流以及短路支路应加的电动势 $\dot{E}_k$ 值，进而求得转移电抗，后一种求转移电抗的方式就称为单位电流法。仍以图 2-3 为例，设支路 x_1 中有单位电流，从图中可以得出

$$\left.\begin{array}{l} \dot{U}_b = \mathrm{j}\dot{I}_1 x_1 = \mathrm{j}x_1; \quad \dot{I}_2 = \dfrac{\dot{U}_b}{\mathrm{j}x_2} = \dfrac{x_1}{x_2}; \quad \dot{I}_4 = \dot{I}_1 + \dot{I}_2 \\[3mm] \dot{U}_a = \dot{U}_b + \mathrm{j}\dot{I}_4 x_4; \quad \dot{I}_3 = \dfrac{\dot{U}_a}{\mathrm{j}x_3}; \quad \dot{I}_k = \dot{I}_3 + \dot{I}_4; \quad \dot{E}_k = \dot{U}_a + \mathrm{j}\dot{I}_k x_5 \end{array}\right\} \qquad (2\text{-}13)$$

已知 $\dot{I}_1$、$\dot{I}_2$ 和 $\dot{I}_3$，又已知产生这些电流所需要的短路支路中的电动势 $\dot{E}_k$，根据转移电抗的定义，电源支路对短路点所在支路之间的转移电抗，便可按下式求出

$$\left.\begin{array}{l} x_{1k} = \dfrac{\dot{E}_k}{\mathrm{j}\dot{I}_1} \\[3mm] x_{2k} = \dfrac{\dot{E}_k}{\mathrm{j}\dot{I}_2} \\[3mm] x_{3k} = \dfrac{\dot{E}_k}{\mathrm{j}\dot{I}_3} \end{array}\right\} \qquad (2\text{-}14)$$

2.2.3.2 分布系数法

电流分布系数的定义是：取网络中的各个发电机的电动势为零，并仅在网络中的某一支路 K（如短路支路）施加电动势 $\dot{E}$ [见图 2-4（a）]，在这种情况下，各支路电流与其电动势所在支路 K 电流的比值即为各支路对 K 支路电流的分布系数，简称各支路电流的分布系数，并以 C 表示。如果 $\dot{E}$ 的大小刚好使电动势所在支路的电流为 1，则各支路的电流值即为各支路的电流分布系数。或者，将电动势 $\dot{E}$ 移至各电源支路及负载支路（如果网络中包含此类支路），如图 2-4（b）所示，这样求出的结果与上述相同。

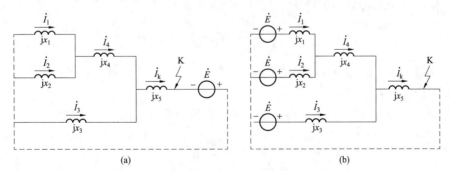

图 2-4 求电流分布系数的等效网络

（a）电势施加于短路支路；（b）电势分布至各支路

下面讨论分布系数与转移电抗之间的关系。

图 2-4 是图 2-2 求电流分布系数的等效网络。由图可知，对于 x_1、x_2、x_3 支路，其电流分布系数为

$$C_1 = \frac{\dot{I}_1}{\dot{I}_k}$$

$$C_2 = \frac{\dot{I}_2}{\dot{I}_k}$$ \quad (2-15)

$$C_3 = \frac{\dot{I}_3}{\dot{I}_k}$$

因网络对 K 点的组合电抗或输入电抗 $x_{k\Sigma} = \dfrac{\dot{E}}{j\dot{I}_k}$，根据转移电抗的定义，求得各支路对 K 点的转移电抗为

$$x_{1k} = \frac{\dot{E}}{j\dot{I}_1}; \quad x_{2k} = \frac{\dot{E}}{j\dot{I}_2}; \quad x_{3k} = \frac{\dot{E}}{j\dot{I}_3} \qquad (2-16)$$

于是

$$C_1 = \frac{\dot{I}_1}{\dot{I}_k} = \frac{\dot{E}/jx_{1k}}{\dot{E}/jx_{k\Sigma}} = \frac{x_{k\Sigma}}{x_{1k}}$$

$$C_2 = \frac{\dot{I}_2}{\dot{I}_k} = \frac{\dot{E}/jx_{2k}}{\dot{E}/jx_{k\Sigma}} = \frac{x_{k\Sigma}}{x_{2k}} \qquad (2-17)$$

$$C_3 = \frac{\dot{I}_3}{\dot{I}_k} = \frac{\dot{E}/jx_{3k}}{\dot{E}/jx_{k\Sigma}} = \frac{x_{k\Sigma}}{x_{3k}}$$

由以上分析可以看出，电流分布系数即所有电源电动势都相等时，各电源所提供短路电流的份额。它说明网络中电流分布的一个参数，只与网络的结构和参数有关，而与电源的电动势无关。此外，由于电流分布系数实际上可以代表电流，所以也有方向，并且符合节点电流定律。由图 2-4 可知

$$\dot{I}_1 + \dot{I}_2 + \dot{I}_3 = \dot{I}_k \qquad (2-18)$$

用 $\dot{I}_k$ 除上式中的各项，可得

$$\frac{\dot{I}_1}{\dot{I}_k} + \frac{\dot{I}_2}{\dot{I}_k} + \frac{\dot{I}_3}{\dot{I}_k} = C_1 + C_2 + C_3 = 1 \qquad (2-19)$$

也就是说，各个电动势支路的电流分布系数之和恒等于 1。通常，利用这个特点来校验分布系数的计算是否正确。

改写式（2-17），就得到用分布系数求转移电抗的基本公式

$$x_{1k} = \frac{x_{k\Sigma}}{C_1}$$

$$x_{2k} = \frac{x_{k\Sigma}}{C_2} \qquad (2-20)$$

$$x_{3k} = \frac{x_{k\Sigma}}{C_3}$$

式（2-20）中的 $x_{k\Sigma}$ 可用网络变换和化简的方法求得。下面讨论分布系数的计算方法。

接于公共节点的并联支路的电流分布系数比较容易计算。在图 2-5 所示的网络中，三个电源支路通过节点 a 和支路 Z 相接，支路 Z 再经过复杂网络通往短路点 K，这三个有源支路的电流分布系数分别为

$$C_1 = \frac{\dot{I}_1}{\dot{I}_k} = \frac{\dot{I}_1}{\dot{I}}\frac{\dot{I}}{\dot{I}_k} = \frac{\dot{I}_1}{\dot{I}}C \tag{2-21}$$

同理

$$C_2 = \frac{\dot{I}_2}{\dot{I}}C; \quad C_3 = \frac{\dot{I}_3}{\dot{I}}C \tag{2-22}$$

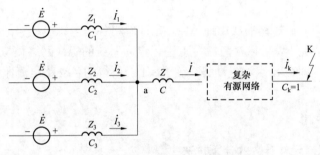

图 2-5　并联电路的电流分布系数

按照电流分布系数的含义，在计算电流分布系数时，可假设各电源的电动势相等，再考虑 $\dot{I} = \dot{I}_1 + \dot{I}_2 + \dot{I}_3$，于是可得

$$\frac{\dot{I}_1}{\dot{I}} = \frac{\dfrac{1}{Z_1}}{\dfrac{1}{Z_1} + \dfrac{1}{Z_2} + \dfrac{1}{Z_3}} = \frac{Z_{eq}}{Z_1} \tag{2-23}$$

同理

$$\frac{\dot{I}_2}{\dot{I}} = \frac{Z_{eq}}{Z_2}; \quad \frac{\dot{I}_3}{\dot{I}} = \frac{Z_{eq}}{Z_3} \tag{2-24}$$

其中，$Z_{eq} = \dfrac{1}{\dfrac{1}{Z_1} + \dfrac{1}{Z_2} + \dfrac{1}{Z_3}}$ 是三个并联支路的等效阻抗。

于是

$$\left. \begin{aligned} C_1 &= \frac{Z_{eq}}{Z_1}C \\ C_2 &= \frac{Z_{eq}}{Z_2}C \\ C_3 &= \frac{Z_{eq}}{Z_3}C \end{aligned} \right\} \tag{2-25}$$

上式也适用于有任意多个并联支路的情况，例如，并联支路数为 n，则 Z_{eq} 为 n 个并联支路的等效阻抗。如果短路发生在公共支路 Z 上，显然 $C = 1$。

当并联支路只有两个时，分布系数将与它们的阻抗成反比，即

$$\left.\begin{array}{l} C_1 = \dfrac{\dot{I}_1}{\dot{I}} = \dfrac{Z_2}{Z_1 + Z_2} \\[3mm] C_2 = \dfrac{\dot{I}_2}{\dot{I}} = \dfrac{Z_1}{Z_1 + Z_2} \end{array}\right\} \qquad (2-26)$$

一般情况下，可采用网络展开法或直接测量法来确定。

（1）网络展开法：由于实际上需要确定的电流分布系数都是各个电源支路的，因此可令短路支路的电流为1，然后将求组合电抗的网络（对 K 点）逐渐展开，算出各个支路的电流，即得相应支路的电流分布系数。

（2）直接测量法：在短路的实用计算中，允许忽略各个电源电动势的相位差以及各个元件的电阻。在这种情况下，可以在直流台上进行电力系统的等效网络模拟，应用测量的方法来求电流分布系数。即在 K 点加电动势，使 $\dot{I}_k = 1$，所得的各支路电流即为电流分布系数。

2.3　算例

2.3.1　三绕组变压器元件参数的计算方法

三绕组变压器等值阻抗如图 2-6 所示。

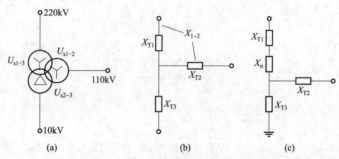

图 2-6　YNyd 接线的三绕组变压器等值阻抗

（a）三绕组变压器；（b）正序等值阻抗；（c）零序等值阻抗

变压器参数如图 2-7 所示。

则根据表 2-2 计算：

高压侧正序电抗有名值：$X_{T1} = \dfrac{\dfrac{1}{2}(U_{S1-3} + U_{S1-2} - U_{S2-3})}{100} \dfrac{U_N^2}{S_N}$

$$= \dfrac{\dfrac{1}{2} \times (19 + 16 - 9)}{100} \times \dfrac{230\text{kV} \times 230\text{kV}}{100\text{MVA}} = 68.77\,(\Omega)$$

折算为标幺值：$X_{T1*(B)} = X_{T1} \dfrac{S_B}{U_B^2} = 68.77 \times \dfrac{100\text{MVA}}{230\text{kV} \times 230\text{kV}} = 0.13$

图 2-7　三绕组变压器参数卡

中压侧正序电抗有名值：$X_{\text{T2}} = \dfrac{\frac{1}{2}(U_{\text{S2-3}} + U_{\text{S1-2}} - U_{\text{S1-3}})}{100} \dfrac{U_{\text{N}}^{2}}{S_{\text{N}}}$

$$= \dfrac{\frac{1}{2} \times (9 + 16 - 19)}{100} \times \dfrac{115\text{kV} \times 115\text{kV}}{100\text{MVA}} = 3.967\,5\,(\Omega)$$

折算为标幺值：$X_{\text{T2*(B)}} = X_{\text{T2}}\dfrac{S_{\text{B}}}{U_{\text{B}}^{2}} = 3.967\,5 \times \dfrac{100\text{MVA}}{115\text{kV} \times 115\text{kV}} = 0.03$

低压侧正序电抗有名值：$X_{\text{T3}} = \dfrac{\frac{1}{2}(U_{\text{S1-3}} + U_{\text{S2-3}} - U_{\text{S1-2}})}{100} \dfrac{U_{\text{N}}^{2}}{S_{\text{N}}}$

$$= \dfrac{\frac{1}{2} \times (19 + 9 - 16)}{100} \times \dfrac{37\text{kV} \times 37\text{kV}}{100\text{MVA}} = 0.821\,4\,(\Omega)$$

折算为标幺值：$X_{\text{T2*(B)}} = X_{\text{T2}}\dfrac{S_{\text{B}}}{U_{\text{B}}^{2}} = 0.821\,4 \times \dfrac{100\text{MVA}}{37\text{kV} \times 37\text{kV}} = 0.06$

将参数卡中数据统一折算到高压侧基准值下的有名值：

$$X_{\text{T1}} + X_{\text{T3}} = 22\Omega$$

$$X_{\text{T1}} + X_{\text{T2}} \, / / \, X_{\text{T3}} = 17\Omega$$

$$X_{\text{T2}} + X_{\text{T3}} = 9\Omega \times \dfrac{230\text{kV} \times 230\text{kV}}{115\text{kV} \times 115\text{kV}} = 36\Omega$$

解方程得：

高压侧零序电抗有名值：$X_{\text{T1(B)}} = 8.59\Omega$

中压侧零序电抗有名值：$X_{\text{T2(B)}} = 22.59\Omega$

低压侧零序电抗有名值：$X_{T3(B)} = 13.41\Omega$
折算为标幺值：

$$X_{T1*(B)} = X_{T1}\frac{S_B}{U_B^2} = 8.59 \times \frac{100\text{MVA}}{230\text{kV} \times 230\text{kV}} = 0.016\,2$$

$$X_{T2*(B)} = X_{T2}\frac{S_B}{U_B^2} = 22.59 \times \frac{100\text{MVA}}{230\text{kV} \times 230\text{kV}} = 0.042\,7$$

$$X_{T3*(B)} = X_{T3}\frac{S_B}{U_B^2} = 13.41 \times \frac{100\text{MVA}}{230\text{kV} \times 230\text{kV}} = 0.025\,4$$

因高压侧接线为 Y0，且经过 10Ω 电抗接地，折算到高压侧母线的零序电抗有名值为：

$$X_1' = X_{T1} + 3X_n = 8.59 + 3 \times 10 = 38.59\,(\Omega)$$

折算为标幺值：

$$X_{1*}' = X_1'\frac{S_B}{U_B^2} = 38.59 \times \frac{100\text{MVA}}{230\text{kV} \times 230\text{kV}} = 0.072\,9$$

同高压侧，折算到中压侧母线的零序电抗有名值为：

$$X_2' = X_{T2} + 3X_n = 22.59 + 3 \times 10 = 52.59\,(\Omega)$$

折算为标幺值：

$$X_{2*}' = X_2'\frac{S_B}{U_B^2} = 52.59 \times \frac{100\text{MVA}}{230\text{kV} \times 230\text{kV}} = 0.099\,4$$

2.3.2 带接地电抗的自耦变压器零序阻抗计算

带接地电抗的自耦变压器参数如图 2-8 所示。

图 2-8 YNynd 接线自耦变压器参数卡

则根据表 2-2 计算：

高压侧正序电抗有名值：$X_{T1} = \dfrac{\dfrac{1}{2}(U_{S1-3} + U_{S1-2} - U_{S2-3})}{100} \dfrac{U_N^2}{S_N}$

$$= \dfrac{\dfrac{1}{2} \times (16.52 + 48.13 - 27.48)}{100} \times \dfrac{500kV \times 500kV}{1002MVA} = 46.39\ \Omega$$

折算为标幺值：$X_{T1*(B)} = X_{T1} \dfrac{S_B}{U_B^2} = 46.37 \times \dfrac{100MVA}{525kV \times 525kV} = 0.016\,82$

中压侧正序电抗有名值：$X_{T2} = \dfrac{\dfrac{1}{2}(U_{S2-3} + U_{S1-2} - U_{S1-3})}{100} \dfrac{U_N^2}{S_N}$

$$= \dfrac{\dfrac{1}{2} \times (27.48 + 16.52 - 48.13)}{100} \dfrac{500kV \times 500kV}{1002MVA} = -5.15\Omega$$

折算为标幺值：$X_{T2*(B)} = X_{T2} \dfrac{S_B}{U_B^2} = -5.15 \times \dfrac{100MVA}{525kV \times 525kV} = -0.001\,86$

低压侧正序电抗有名值：$X_{T3} = \dfrac{\dfrac{1}{2}(U_{S1-3} + U_{S2-3} - U_{S1-2})}{100} \dfrac{U_N^2}{S_N}$

$$= \dfrac{\dfrac{1}{2} \times (48.13 + 27.48 - 16.52)}{100} \dfrac{500kV \times 500kV}{1002MVA} = 73.72\Omega$$

折算为标幺值：$X_{T3*(B)} = X_{T3} \dfrac{S_B}{U_B^2} = 73.72 \times \dfrac{100MVA}{525kV \times 525kV} = 0.026\,7$

将参数卡中零序测量数据统一折算到高压侧基准值下的有名值：
$$X_{T1} + X_{T3} = 36\Omega$$
$$X_{T1} + X_{T2} / / X_{T3} = 12\Omega$$
$$X_{T2} + X_{T3} = 72\Omega \times \dfrac{500kV \times 500kV}{230kV \times 230kV} = 340.26\Omega$$

解方程得：
高压侧零序电抗有名值：$X_{T1} = -58.87\Omega$
中压侧零序电抗有名值：$X_{T2} = 280.2\Omega$
低压侧零序电抗有名值：$X_{T3} = 94.9\Omega$
折算为标幺值：

$$X_{T1*(B)} = X_{T1} \dfrac{S_B}{U_B^2} = -58.87 \times \dfrac{100MVA}{525kV \times 525kV} = -0.021\,36$$

$$X_{T2*(B)} = X_{T2} \dfrac{S_B}{U_B^2} = 280.2 \times \dfrac{100MVA}{525kV \times 525kV} = 0.101\,7$$

$$X_{T3*(B)} = X_{T3(B)} \frac{S_B}{U_B^2} = 94.9 \times \frac{100\text{MVA}}{525\text{kV} \times 525\text{kV}} = 0.329$$

自耦变压器的短路电压试验与普通变压器的短路电压试验相同。若绕组 3 开路，零序等值电路如图 2-9 所示。

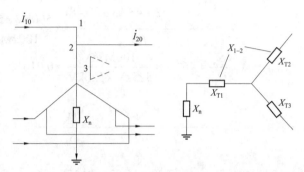

图 2-9　中性点接小电抗自耦变压器绕组 3 开路时零序等值电路

设高、中压绕组变比为 $k=U_{1N}/U_{2N}$，折算到 1 侧的零序等值电抗为

$$jX_{1-2}' = jX_{T1}' + jX_{T2}' = jX_{1-2} + 3X_n(1-k)^2 \tag{2-27}$$

若绕组 2 开路，则自耦变压器相当于一台 YNd 接法的普通变压器，其归算到 1 侧的等值电抗为

$$jX_{1-3}' = jX_{T1}' + jX_{T3}' = jX_{T1} + jX_{T3} + j3X_n \tag{2-28}$$

同样，若将绕组 1 开路，也是一台 YNd 的普通变压器，归算到 1 侧的等值电抗为

$$jX_{2-3}' = jX_{T2}' + jX_{T3}' = jX_{T2} + jX_{T3} + j3X_nk^2 \tag{2-29}$$

上式即可求得中性点经小电抗接地的自耦变压器高、中、低压侧等值零序电抗为

$$\begin{aligned} X_1' &= (X_{1-2}' + X_{1-3}' - X_{2-3}')/2 = X_{T1} + 3X_n(1-k) \\ X_2' &= (X_{1-2}' + X_{2-3}' - X_{1-3}')/2 = X_{T2} + 3X_n(k-1)k \\ X_3' &= (X_{1-3}' + X_{2-3}' - X_{1-2}')/2 = X_{T3} + 3X_nk \end{aligned} \tag{2-30}$$

上述各式中：X_n 为接地电抗；X_{1-2}'、X_{1-3}'、X_{2-3}' 分别为三侧绕组开路，折算到一次侧的一、二次侧等值零序电抗；二侧绕组开路，折算到一次侧的一、三次侧等值零序电抗；一侧绕组开路，折算到一次侧的二、三次侧等值零序电抗；X_{1-2} 为中性点直接接地的归算到高压侧的高、中压等值零序电抗。

则图 2-9 中自耦变压器：

折算到高压侧零序等值阻抗有名值：

$$X_1' = X_{T1} + 3X_n(1-k) = -58.87 + 3 \times 15 \times \left(1 - \frac{500}{230}\right) = -111.7\,\Omega$$

计算标幺值：$X_{1*}' = X_1' \dfrac{S_B}{U_B^2} = -111.7 \times \dfrac{100\text{MVA}}{525\text{kV} \times 525\text{kV}} = -0.040\,5$

折算到中压侧零序等值阻抗有名值：

$$X_2' = X_{T2} + 3X_n(k-1)k = 280.2 + 3 \times 15 \times \left(\frac{500}{230} - 1\right) \times \frac{500}{230} = 395.04\Omega$$

计算标幺值：$X_{2*}' = X_2' \dfrac{S_B}{U_B^2} = 395.04 \times \dfrac{100\text{MVA}}{525\text{kV} \times 525\text{kV}} = 0.143\,3$

折算到低压侧零序等值阻抗有名值：$X_3' = X_{T3} + 3X_n k = 94.9 + 3 \times 15 \times \dfrac{500}{230} = 192.73\Omega$

计算标幺值：$X_{3*}' = X_3' \dfrac{S_B}{U_B^2} = 192.73 \times \dfrac{100\text{MVA}}{525\text{kV} \times 525\text{kV}} = 0.069\,9$

2.4 参考文献

刘万顺.电力系统故障分析 [M]. 北京：中国电力出版社，1986.

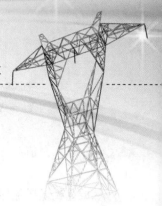

第 *3* 章

电力网络简单故障计算

| 3.1 | 简单不对称故障边界条件及故障点电压、电流计算方法 |

在电力系统的故障中，仅在一处发生不对称短路或断线的故障称为简单不对称故障。通常分为两类：一类为横向不对称故障，包括两相短路、单相接地短路以及两相接地短路三种类型。这类故障发生在系统中某一点的两相之间或一相与地之间，是各相支路或相与大地之间的横向，故称为横向不对称故障，其特点是由电力网络中的某一点（节点）和公共参考点（接地点）之间构成故障端口。该端口一侧是高电位点，另一侧是零电位点。另一类故障发生在网络沿三相电路的纵向，为纵向不对称故障，包括单相断线和两相断线两种基本类型，其特点是由电力网络中的两个高电位点之间构成故障端口。

3.1.1 横向不对称故障的边界条件

图 3-1 表示电力网络发生各种横向不对称短路故障时，故障点的各相短路电流。设故障点经过渡电阻 Z_f、Z_g 短路，如果 $Z_f = 0$、$Z_g = 0$，则为金属性短路或直接短路。

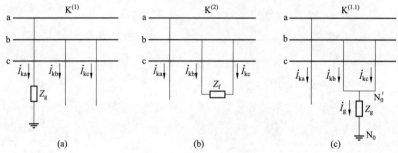

图 3-1　各种横向不对称短路故障
（a）单相接地短路；（b）两相短路；（c）两相接地短路

各种横向不对称短路故障的边界条件如表 3-1 所示。在分析各种横向不对称短路故障时，基于所选故障的具体情况，计算中均以 a 相作为基准相。

表 3-1　　　　　　　　　　　　横向不对称短路故障边界条件

短路类型	各相电压、电流关系	各序电流、电压关系
单相接地短路	$\dot{I}_{kb} = 0,\ \dot{I}_{kc} = 0$ $\dot{U}_{ka} = \dot{I}_{ka} Z_g$	$\dot{I}_{ka1} = \dot{I}_{ka2} = \dot{I}_{ka0}$ $\dot{U}_{ka1} + \dot{U}_{ka2} + \dot{U}_{ka0} = 3\dot{I}_{ka1} Z_g$
两相短路	$\dot{I}_{ka} = 0,\ \dot{I}_{kb} = -\dot{I}_{kc}$ $\dot{U}_{kb} - \dot{U}_{kc} = \dot{I}_{kb} Z_f$	$\dot{I}_{k0} = 0,\ \dot{I}_{ka1} = -\dot{I}_{ka2}$ $\dot{U}_{ka1} - \dot{U}_{ka2} = \dot{I}_{ka1} Z_f$

短路类型	各相电压、电流关系	各序电流、电压关系
两相接地短路	$\dot{I}_{ka} = 0$ $\dot{U}_{kb} = \dot{U}_{kc}$ $\dot{U}_{kb} = (\dot{I}_{kb} + \dot{I}_{kc})Z_{g}$	$\dot{I}_{ka1} + \dot{I}_{ka2} + \dot{I}_{ka0} = 0$ $\dot{U}_{ka1} = \dot{U}_{ka2}$ $\dot{U}_{ka0} - \dot{U}_{ka1} = 3\dot{I}_{ka0}Z_{g}$

3.1.2 横向不对称故障故障点电流、电压计算方法

横向不对称短路故障的复合序网如图 3-2 所示。

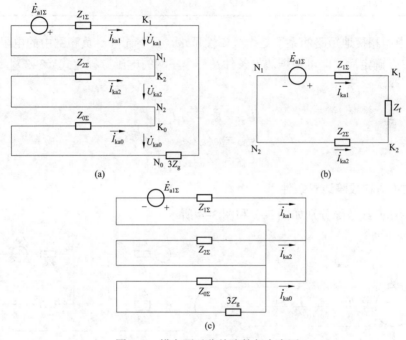

图 3-2 横向不对称故障的复合序网

（a）单相接地短路；（b）两相短路；（c）两相接地短路

正序等效法则：不对称短路故障时，故障点的正序分量电流与在短路点每相中加上一个附加阻抗 $Z_{\Delta}^{(n)}$ 发生三相短路时的短路电流相等。

利用正序等效原则计算各种不对称短路的故障点正序电流和电压的计算公式可以用下式表示

$$\left.\begin{array}{l} \dot{I}_{ka1}^{(n)} = \dfrac{\dot{E}_{a1\Sigma}}{Z_{1\Sigma} + Z_{\Delta}^{(n)}} \\ \dot{U}_{ka1}^{(n)} = \dot{I}_{ka1}^{(n)} Z_{\Delta}^{(n)} \end{array}\right\} \qquad (3-1)$$

式中：$\dot{E}_{a1\Sigma}$ 为故障前故障点基准相的运行相电压；$Z_{\Delta}^{(n)}$ 为与短路故障类型有关的附加阻抗。

故障点故障相电流的绝对值与故障点正序分量电流成正比，可表示为

$$\dot{I}_{k}^{(n)} = m^{(n)} I_{k1}^{(n)} \qquad (3-2)$$

式中：$m^{(n)}$ 为与短路类型有关的比例系数。

各种不对称短路故障的 $Z_{\Delta}^{(n)}$ 和 $m^{(n)}$ 见表 3–2。

表 3–2　　　　　　　　　各种不对称短路故障的 $Z_{\Delta}^{(n)}$ 和 $m^{(n)}$

故障类型	$Z_{\Delta}^{(n)}$	$m^{(n)}$
三相短路	0	1
两相短路	$Z_{2\Sigma}+Z_{\mathrm{f}}$	$\sqrt{3}$
两相接地短路	$\dfrac{Z_{2\Sigma}(Z_{0\Sigma}+3Z_{\mathrm{g}})}{Z_{2\Sigma}+Z_{0\Sigma}+3Z_{\mathrm{g}}}$	$\sqrt{3}\sqrt{1-\dfrac{Z_{2\Sigma}(Z_{0\Sigma}+3Z_{\mathrm{g}})}{(Z_{2\Sigma}+Z_{0\Sigma}+3Z_{\mathrm{g}})^{2}}}$
单相接地短路	$Z_{2\Sigma}+Z_{0\Sigma}+3Z_{\mathrm{g}}$	3

表 3–2 中两相接地短路的系数是指金属性短路，且不计零、负序网中的电阻的表达式。

$\dot{I}_{\mathrm{ka1}}^{(n)}$、$\dot{U}_{\mathrm{ka1}}^{(n)}$ 确定后，即可根据边界条件及三个序网的电压方程［式（3–3）］或者复合序网求得 $\dot{I}_{\mathrm{ka2}}^{(n)}$、$\dot{I}_{\mathrm{ka0}}^{(n)}$、$\dot{U}_{\mathrm{ka2}}^{(n)}$、$\dot{U}_{\mathrm{ka0}}^{(n)}$。

$$\left.\begin{array}{l} \dot{U}_{\mathrm{k1}}=\dot{E}_{\mathrm{a1}}-\dot{Z}_{\mathrm{k1}}\dot{I}_{\mathrm{k1}} \\ \dot{U}_{\mathrm{k2}}=-\dot{Z}_{\mathrm{k2}}\dot{I}_{\mathrm{k2}} \\ \dot{U}_{\mathrm{k0}}=-\dot{Z}_{\mathrm{k0}}\dot{I}_{\mathrm{k0}} \end{array}\right\} \qquad (3\text{–}3)$$

3.1.3　纵向不对称故障边界条件

a 相、两相断线故障分别如图 3–3 和图 3–4 所示。

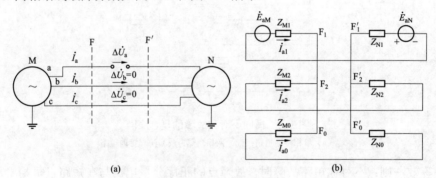

(a)

(b)

图 3–3　a 相断线故障

（a）系统接线图；（b）复合序网

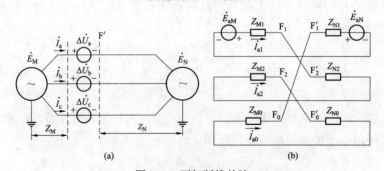

(a)

(b)

图 3–4　两相断线故障

（a）系统接线图；（b）复合序网

边界条件如表 3-3 所示。

表 3-3　　　　　　　　　　　　　纵向不对称故障边界条件

短路类型	相电压、电流关系	各序电流、电压关系
一相断线	$\dot{I}_a = 0, \Delta\dot{U}_b = 0, \Delta\dot{U}_c = 0$	$\dot{I}_{a1} + \dot{I}_{a2} + \dot{I}_{a0} = 0$ $\Delta\dot{U}_{a1} = \Delta\dot{U}_{a2} = \Delta\dot{U}_{a0} = \dfrac{1}{3}\Delta\dot{U}_a$
两相断线	$\Delta\dot{U}_a = 0, \dot{I}_b = 0, \dot{I}_c = 0$	$\Delta\dot{U}_{a1} + \Delta\dot{U}_{a2} + \Delta\dot{U}_{a0} = 0$ $\dot{I}_{a1} = \dot{I}_{a2} = \dot{I}_{a0} = \dfrac{1}{3}\dot{I}_a$

3.1.4　纵向不对称故障故障点电流、电压计算方法

故障点电流、电压计算公式如表 3-4 所示。

表 3-4　　　　　　　　　　纵向不对称故障故障点电流、电压计算公式

故障种类	故障端口各序电流公式	故障端口各序电压公式
一相断线	$\dot{I}_{a1} = \dfrac{\Delta\dot{E}_a}{Z_{1\Sigma} + \dfrac{Z_{2\Sigma}Z_{0\Sigma}}{Z_{2\Sigma} + Z_{0\Sigma}}}$ $\dot{I}_{a2} = -\dfrac{Z_{0\Sigma}}{Z_{2\Sigma} + Z_{0\Sigma}}\dot{I}_{a1}$ $\dot{I}_{a0} = -\dfrac{Z_{2\Sigma}}{Z_{2\Sigma} + Z_{0\Sigma}}\dot{I}_{a1}$	$\Delta\dot{U}_{a1} = \Delta\dot{U}_{a2} = \Delta\dot{U}_{a0} = \dot{I}_{a1}\dfrac{Z_{2\Sigma}Z_{0\Sigma}}{Z_{2\Sigma} + Z_{0\Sigma}}$
两相断线	$\dot{I}_{(1)} = \dot{I}_{(2)} = \dot{I}_{(0)}$ $= \dfrac{\Delta\dot{E}_a}{z_{(1)} + z_{(2)} + z_{(0)} + 3z_{(qk)}}$	$\Delta\dot{U}_{a1} = \dot{I}_{a1}(Z_{2\Sigma} + Z_{0\Sigma})$ $\Delta\dot{U}_{a2} = -\dot{I}_{a2}Z_{2\Sigma} = -\dot{I}_{a1}Z_{2\Sigma}$ $\Delta\dot{U}_{a0} = -\dot{I}_{a0}Z_{0\Sigma} = -\dot{I}_{a1}Z_{0\Sigma}$

3.2　母线电压计算方法

假定系统故障时故障点的各序电气量值已求出，在此基础上讨论母线电压的计算方法。

3.2.1　母线电压计算公式

不对称故障时电压分布计算的系统接线图及各序网图如图 3-5 所示，假定网络中各序参数及 K 点对应基准相的各序电压、电流均已知。根据各序网图，可分别求出 M 点的各序电压为

$$\dot{U}_{M1} = \dot{U}_{k1} + \dot{I}_{k1}Z_{k1} \tag{3-4}$$

或

$$\dot{U}_{M1} = \dot{E}_{a1} - \dot{I}_{k1}Z_{s1} \tag{3-5}$$

$$\dot{U}_{M2} = \dot{U}_{k2} + \dot{I}_{k2}Z_{k2} \tag{3-6}$$

或

$$\dot{U}_{M2} = -\dot{I}_{k2}Z_{s2} \tag{3-7}$$

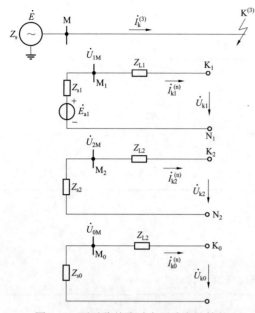

图 3–5　不对称故障时电压分布计算的
系统接线图及各序网图

$$\dot{U}_{M0} = \dot{U}_{k0} + \dot{I}_{k0}Z_{k0} \qquad (3\text{–}8)$$

或

$$\dot{U}_{M0} = -\dot{I}_{k0}Z_{s0} \qquad (3\text{–}9)$$

式中：Z_{k1}、Z_{k2}、Z_{k0} 分别为 M 点至短路点 K 间的各序阻抗；Z_{s1}、Z_{s2}、Z_{s0} 分别为电源的各序内阻抗。

由上述公式可知，当故障点离 M 点的电气距离较远时，应用式（3–5）、式（3–7）和式（3–9）更为简便。

M 点的各相电压，可按式（3–10）计算：

$$\left.\begin{array}{l} \dot{U}_{Ma} = \dot{U}_{M1} + \dot{U}_{M2} + \dot{U}_{M0} \\ \dot{U}_{Mb} = a^2\dot{U}_{M1} + a\dot{U}_{M2} + \dot{U}_{M0} \\ \dot{U}_{Mc} = a\dot{U}_{M1} + a^2\dot{U}_{M2} + \dot{I}_{M0} \end{array}\right\} \qquad (3\text{–}10)$$

可以得出以下 3 点结论：

（1）正序电压越靠近电源处数值越高，发电机端的正序电压最高，等于电源电动势。越靠近短路点正序电压的数值越低，三相金属性短路时，短路点电压等于零。母线 M 的正序电压在三相短路时下降最多、波动最大，对系统及用户影响最大；两相接地短路次之；单相接地短路时正序电压变化较小。

（2）负序及零序电压的绝对值总是越靠近短路点数值越高，短路点最高，相当于在该处有一个负序及零序电源电动势，其值等于短路点的该序电压，而越远离短路点，负序及零序电压数值越低。在发电机的中性点上负序电压等于零，在变压器接地中性点上零序电压等于零。

（3）不同短路类型，各序电压的分布情况不同。单相接地短路时，短路点有 $\dot{I}_{k1} = \dot{I}_{k2} = \dot{I}_{k0}$、$\left|\dot{U}_{k1}\right| = \left|\dot{U}_{k2} + \dot{U}_{k0}\right|$，而 $\dot{U}_{k2}$、$\dot{U}_{k0}$ 的大小视具体网络的负序及零序参数而定。具体短路点各序电压分布规律如表 3–5 所示。

表 3–5　　　　　　　　各种不对称短路时，各序电压分布规律

短路类型	单相接地短路	两相接地短路	两相短路	三相短路
短路点各序电压	$U_{k1}^{(1)} = U_{k2}^{(1)} + U_{k0}^{(1)}$	$U_{k1}^{(1.1)} = U_{k2}^{(1.1)} = U_{k0}^{(1.1)}$	$U_{k1}^{(2)} = U_{k2}^{(2)}$	$U_{k}^{(3)} = 0$

应当指出，上述计算各电流、电压的公式仅适用于网络中不含 D、Y 接法变压器的部分；另外对于多侧电源系统的电流、电压分布的计算，其方法、步骤与上述基本相同。

3.2.2　接地故障时不接地负荷侧零序电压计算方法

在整定变压器间隙过压保护定值时，根据 DL/T 559—2007《电力系统继电保护与安全自动装置整定计算》"通常情况下过压定值取经验值 180V，动作时间 0.5 秒，动作后切除变压器各侧断路器"进行整定，这样整定的原则和依据是由于在不接地系统中，单相接地故障

时，非故障相相电压上升为线电压，对变压器绝缘造成影响。下面对可能引起过电压的单相接地故障进行分析计算。

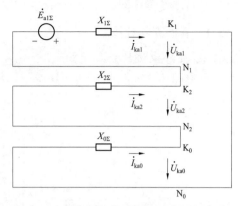

图 3-6　A 相金属性接地短路时的复合序网图

以 A 相金属性接地故障为例，计算故障点的零序电压，A 相金属性接地短路时的复合序网图如图 3-6 所示。由于负荷侧不接地，不存在零序通路，因此变压器中性点零序电压即为故障点零序电压。为了方便计算，忽略系统阻抗中电阻分量只考虑电抗分量，$K_{0\Sigma} = X_{0\Sigma}/X_{1\Sigma}$，$X_{1\Sigma} = X_{2\Sigma}$。

故障相电压、电流为

$$\left.\begin{array}{l} \dot{U}_{ka} = 0 \\ \dot{I}_{ka1} = \dot{I}_{ka2} = \dot{I}_{ka0} = \dot{E}_{a\Sigma}/j(x_{1\Sigma} + x_{2\Sigma} + x_{0\Sigma}) \end{array}\right\} \qquad (3\text{-}11)$$

故障处中性点零序电压为

$$3\dot{U}_0 = 3\dot{U}_{ka0} = -3\dot{I}_{ka0}x_{0\Sigma} = -3\dot{E}_{a\Sigma} \times \frac{K_{0\Sigma}}{K_{0\Sigma} + 2} \qquad (3\text{-}12)$$

因此，接地系数 $K_{0\Sigma} = X_{0\Sigma}/X_{1\Sigma}$ 时，单相接地故障后作用在不接地运行的变压器中性点与地之间的可能的最大稳态二次电压为

$$3U_0 = 3U_{ph}\frac{K_{0\Sigma}}{K_{0\Sigma} + 2} \qquad (3\text{-}13)$$

式中：U_{ph} 为二次额定电压，100V。

在接地系统中，接地系数 $K_{0\Sigma} = X_{0\Sigma}/X_{1\Sigma}$ 不超过 3，若取 $K_{0\Sigma} = 3$，则单相接地故障 $3U_{0max} = 1.8U_{ph} = 180V$（两相接地故障时，$3U_{0max}$ 小于 180V），当大系统失去中性点变为不接地系统时，零序综合阻抗为无穷大 $K_{0\Sigma} = \infty$，$3U_0 = 3U_{ph} = 300V$。因此，变压器间隙过电压定值整定为 180V，保证在系统不失去接地点时发生故障可靠不误动；而在系统失去接地点发生单相接地故障时，可靠动作，从而保证变压器免受过电压冲击，保证变压器设备的安全。

3.3　支路电流计算方法

下面重点介绍利用电流分布系数求各支路电流的方法。

如图 3-7（a）所示的电流分布计算的系统接线图。假定对应基准相的各序网络及故障点总电流 $\dot{I}_k$（其序分量 $\dot{I}_{k1}$、$\dot{I}_{k2}$、$\dot{I}_{k0}$）均已知，要求计算 M、N 支路中的各序和各相电流。

根据电流分布系数的定义，只有当网络中各电源电动势相等时才能应用此方法。

在正序电流的分布计算中，要注意正序网络中可能存在电源电动势相等或不相等两种情

况。对负序及零序网络，由于网络中不存在电源电动势，因此可以直接应用分布系数法。

3.3.1 普通支路计算

3.3.1.1 正序电流的分布计算

根据图 3-7（a）可画出正序等值网络如图 3-7（b）所示。

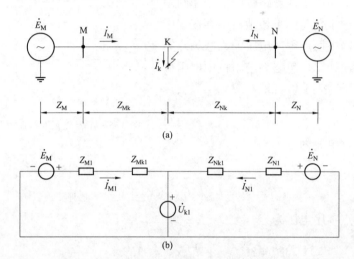

图 3-7 电流分布计算的系统接线图及正序网络
（a）系统接线图；（b）正序等值网络

（1）假定两侧电源电动势相等（$\dot{E}_{M} = \dot{E}_{N}$）。

在图 3-7（a）中，设 $Z_{SM1} = Z_{M1} + Z_{MK1}$，$Z_{SN1} = Z_{N1} + Z_{NK1}$，根据分布系数的定义可知

$$\left.\begin{aligned} \dot{I}_{M1} &= \frac{Z_{1\Sigma}}{Z_{SM1}} \dot{I}_{k1} = C_{M1} \dot{I}_{k1} \\ \dot{I}_{N1} &= \frac{Z_{1\Sigma}}{Z_{SN1}} \dot{I}_{k1} = C_{N1} \dot{I}_{k1} \end{aligned}\right\} \tag{3-14}$$

其中

$$\left.\begin{aligned} C_{M1} &= \frac{\dot{I}_{M1}}{\dot{I}_{k1}} = \frac{Z_{1\Sigma}}{Z_{SM1}} \\ C_{N1} &= \frac{\dot{I}_{N1}}{\dot{I}_{k1}} = \frac{Z_{1\Sigma}}{Z_{SN1}} \end{aligned}\right\} \tag{3-15}$$

为 M 侧及 N 侧支路的正序电流分布系数，其值恒≤1。$Z_{1\Sigma} = \dfrac{Z_{SM1} Z_{SN1}}{Z_{SM1} + Z_{SN1}}$ 为正序网络对故障点的等值阻抗。

（2）假定两侧电源电动势不相等（$\dot{E}_{M} \neq \dot{E}_{N}$）。

应用叠加定理，把图 3-7 所示的网络看成仅有电源电动势作用下的正常运行状态网络和仅在短路点有电流源 $\dot{I}_{k1}$ 作用下的附加状态的叠加，见图 3-8。

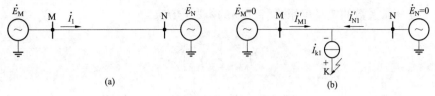

图 3-8　电源电动势不相等时电流分布计算图

（a）正常运行状态；（b）故障附加状态

正常运行状态网络的支路电流是负荷电流，为已知；而故障附加状态是一个电源电动势等于零的网络（即 $\dot{E}_\text{M} = \dot{E}_\text{N} = 0$），可应用电流分布系数求出各支路的故障分量电流，最后，将两种状态下的支路电流叠加，即可求出两侧电源电动势不等时各支路的正序电流。

$$\left.\begin{array}{l} \dot{I}'_\text{M1} = C_\text{M1}\dot{I}_\text{k1}; \quad \dot{I}'_\text{N1} = C_\text{N1}\dot{I}_\text{k1} \\ \dot{I}_\text{M1} = \dot{I}_1 + \dot{I}'_\text{M1}; \quad \dot{I}_\text{N1} = -\dot{I}_1 + \dot{I}'_\text{N1} \end{array}\right\} \qquad (3\text{-}16)$$

式中：$\dot{I}_1$ 为正常运行时网络中的负荷电流。

3.3.1.2　负序电流的分布计算

根据图 3-7（a）画出的负序等值网络如图 3-9 所示。

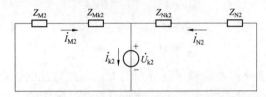

图 3-9　电流分布计算时的负序等值网络

根据电流分布系数的定义，求出各支路的负序电流为

$$\dot{I}_\text{M2} = C_\text{M2}\dot{I}_\text{k2}; \quad \dot{I}_\text{N2} = C_\text{N2}\dot{I}_\text{k2} \qquad (3\text{-}17)$$

$$C_\text{M2} = \frac{\dot{I}_\text{M2}}{\dot{I}_\text{k2}} = \frac{Z_{2\Sigma}}{Z_\text{SM2}}; \quad C_\text{N2} = \frac{\dot{I}_\text{N2}}{\dot{I}_\text{k2}} = \frac{Z_{2\Sigma}}{Z_\text{SN2}} \qquad (3\text{-}18)$$

式中：C_M2、C_N2 分别为 M 侧及 N 侧支路的负序电流分布系数。

其中：$Z_\text{SM2} = Z_\text{M2} + Z_\text{Mk2}$、$Z_\text{SN2} = Z_\text{N2} + Z_\text{Nk2}$、$Z_{2\Sigma} = \dfrac{Z_\text{SM2}Z_\text{SN2}}{Z_\text{SM2} + Z_\text{SN2}}$，为负序网络对短路点的等值负序阻抗。

3.3.1.3　零序电流的分布计算

根据图 3-7（a）画出的零序等值网络如图 3-10 所示。

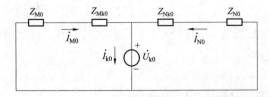

图 3-10　电流分布计算时的零序等值网络

同理，按分布系数的定义可求出各支路的零序电流如下

$$\left.\begin{aligned} \dot{I}_{M0} &= C_{M0}\dot{I}_{k0} \\ \dot{I}_{N0} &= C_{N0}\dot{I}_{k0} \end{aligned}\right\} \tag{3-19}$$

$$\left.\begin{aligned} C_{M0} &= \frac{\dot{I}_{M0}}{\dot{I}_{k0}} = \frac{Z_{0\Sigma}}{Z_{SM0}} \\ C_{N0} &= \frac{\dot{I}_{N0}}{\dot{I}_{k0}} = \frac{Z_{0\Sigma}}{Z_{SN0}} \end{aligned}\right\} \tag{3-20}$$

式中：C_{M0}、C_{N0} 分别为 M 侧及 N 侧支路的零序电流分布系数。

其中：$Z_{SM0} = Z_{M0} + Z_{Mk0}$、$Z_{SN0} = Z_{N0} + Z_{Nk0}$、$Z_{0\Sigma} = \dfrac{Z_{SM0}Z_{SN0}}{Z_{SM0} + Z_{SN0}}$，为零序网络对短路点的等值零序阻抗。

若有多个支路时，其计算方法与两个支路的情况相同，不再赘述。

各支路对应基准相的各序电流求出以后，将同一支路中的各序电流相加，即可求出各支路的各相电流。如对 M 侧支路

$$\left.\begin{aligned} \dot{I}_{Ma} &= \dot{I}_{M1} + \dot{I}_{M2} + \dot{I}_{M0} \\ \dot{I}_{Mb} &= a^2\dot{I}_{M1} + a\dot{I}_{M2} + \dot{I}_{M0} \\ \dot{I}_{Mc} &= a\dot{I}_{M1} + a^2\dot{I}_{M2} + \dot{I}_{M0} \end{aligned}\right\} \tag{3-21}$$

以上介绍了利用电流分布系数求电流分布的方法。此方法的优点是在同一运行方式下，网络中同一点发生短路时，各序网络的电流分布系数都是确定的，且与短路类型无关。所以只需计算出各支路的各序电流分布系数，将其与不同类型的短路点相应序的总电流相乘，即可求出不同故障类型情况下该支路相应序的分支电流。

3.3.2 Y–D 变压器相移计算

电压和电流对称分量经变压器后，不仅数值大小发生变化，而且相位也可能发生变化，变压器两侧电压、电流的大小关系由变压器变比决定，而相位关系则与变压器的联结组别有关。在电流、电压的分布计算中，要特别注意计及相位的移动。

3.3.2.1 计及变压器联结组别对电流序分量相移的分布计算步骤

（1）先求短路故障处的各序分量电流，注意此时网络中各电源电动势的相位均已折算到了短路点所在的电压等级。

（2）不计相移，在序网络中计算各序电流的分布。

（3）根据变压器的接线组别和分布计算经变压器时的转换特点（即由什么形式的一侧转换到另一侧），按式（3-22）和式（3-23），计算各变压器的相移角度 δ_1 及 δ_2。从短路点所在电压等级开始，逐级由变压器近短路侧序分量的相位为基础，对变压器另一侧的序分量的相位进行修正。

（4）应用相关计算公式或相量图，将变换后（即相位修正后）的各序分量电流进行叠加，最后求得计及变压器对序分量相移后的电流分布。

（5）计及变压器对电压序分量相移的分布计算步骤同上。

3.3.2.2　相位变换的一般公式

正序和负序分量经各种联结组别的变压器时，由以上分析可知，相移角度 δ 的取值与变压器的接线组别以及先从变压器的哪一侧来求有关。正序和负序分量的相移角度 δ_1 和 δ_2 的一般计算公式为

$$\delta_1 = \pm(12 - N) \times 30° \tag{3-22}$$

$$\delta_2 = -\delta_1 \tag{3-23}$$

式中：N 为变压器接线组别中的钟点数。

当序电流和序电压由接线组别中的 12 点侧绕组向 N 点侧绕组进行分布计算时，取"+"号；当由 N 点侧绕组向 12 点侧绕组进行分布计算时，取"−"号。相移角度的计算公式不论对于星形/三角形联接的变压器还是对星形/星形联接的变压器都适用。例如，变压器为 yd11 的联结组，$N = 11$，当将正序分量从星形侧转换到三角形侧时，$\delta_1 = 30°$，即三角形侧正序电流超前星形侧的相位为 $30°$；当 $\delta_2 = -30°$ 时，即三角形侧负序电流滞后星形侧的相位为 $30°$。变压器为 Δ / Y_1 的联结组，则 $N = 1$，当将正序分量从三角形侧转换到星形侧时，$\delta_1 = 330° = -30°$，即星形侧正序电流滞后三角形侧的相位为 $30°$，$\delta_2 = 30°$，即星形侧负序电流超前三角形侧的相位为 $30°$。

3.3.3　自耦变压器支路电流计算

3.3.3.1　500kV 中性点经小电抗接地自耦变压器零序电抗的计算

500kV 自耦变压器接线方式一般采用 YNynd 型，自耦变压器的短路电压试验与普通变压器的短路电压试验相同。若绕组 3 开路，零序等值电路如图 3–11 所示。

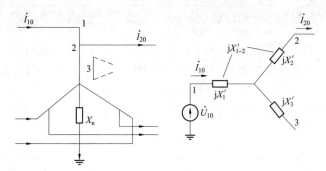

图 3–11　中性点经小电抗接地自耦变压器绕组 3 开路时零序等值电路

中性点经小电抗接地的自耦变压器高、中、低压侧等值零序电抗为

$$\left.\begin{array}{l} X_1' = X_1 + 3X_n(1 - k) \\ X_2' = X_2 + 3X_n(k - 1)k \\ X_3' = X_3 + 3X_n k \end{array}\right\} \tag{3-24}$$

式中：X_n 为接地电抗；X_1'、X_2'、X_3' 分别为折算到一次侧的高、中、低压侧等值零序电抗；X_1、X_2、X_3 分别为未折算到一次侧高、中、低压侧等值零序电抗；k 为高、中压组绕组变比。

由式（3–24）可以看出，中性点经小电抗接地的自耦变压器与普通变压器不同，它的零序等值电路中均包含与中性点接地电抗有关的附加项，而普通变压器则仅在中性点电抗接入

侧增加附加项。

3.3.3.2 500kV 中性点经小电抗接地自耦变压器公共支路零序电流的计算

YNynd 型中性点经小电抗接地自耦变压器零序等值电路如图 3–12 所示。

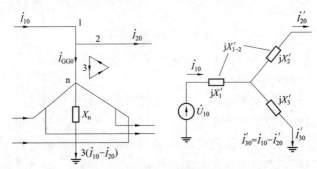

图 3–12 YNynd 型中性点经小电抗接地自耦变压器零序等值电路

由图 3–12 可知，节点 2 到中性点 n 为公共支路，该公共支路以及中性点零序电流为

$$
\left.
\begin{aligned}
\dot{I}_{GG0} &= \dot{I}_{10} - \dot{I}_{20} \\
3\dot{I}_n &= 3(\dot{I}_{10} - \dot{I}_{20})
\end{aligned}
\right\}
\tag{3-25}
$$

需要注意的是，$\dot{I}_{10}$、$\dot{I}_{20}$ 为一次侧和二次侧的电流有名值，因为自耦变压器绕组间有直接电的联系，从等值电路中不能直接求取公共支路零序电流和中性点的入地电流，而必须先算出一、二次侧的电流有名值 $\dot{I}_{10}$、$\dot{I}_{20}$，才能求出。

3.4 基于某一单一故障快速计算其他故障类型支路电流和节点电压的方法

根据从分布系数法，各序电流在系统中的分布只与该序网络的结构有关而与其他序网无关，得出一种只需要计算一种故障类型的电气量，通过不同类型各序故障点分量的比例关系，可以得出其他故障类型电气量的快速计算方法。

各故障类型短路点电气量的比例系数总结如表 3–6 所示。

表 3–6   各故障类型短路点电气量的比例系数

故障类型 \ 比例系数	K_1	K_2	K_0
$d_A^{(1)}$	$\dfrac{1 - \dfrac{K_{2\Sigma}}{1 + K_{20\Sigma}}}{1 + K_{2\Sigma} + K_{0\Sigma}}$	$-(1 + K_{20\Sigma})K_1^{(1)}$	$-\left(1 + \dfrac{1}{K_{20\Sigma}}\right)K_1^{(1)}$
$d_A^{(2)}$	$\dfrac{1 + \dfrac{K_{2\Sigma}}{1 + K_{20\Sigma}}}{1 + K_{2\Sigma}}$	$(1 + K_{20\Sigma})K_1^{(2)}$	0
$d_A^{(3)}$	$1 + \dfrac{K_{2\Sigma}}{1 + K_{20\Sigma}}$	0	0
$d_A^{(1.1)}$	1	1	1

表 3-6 中：$d_A^{(1)}$、$d_A^{(2)}$、$d_A^{(3)}$、$d_A^{(1,1)}$ 分别表示特殊相为 A 相的单相接地、两相接地、三相短路以及两相接地故障；K_1 为正序比例系数；K_2 为负序比例系数；K_0 为零序比例系数；$K_{2\Sigma} = z_{2\Sigma} / z_{1\Sigma}$ 为负序/正序系数；$K_{20\Sigma} = z_{2\Sigma} / z_{0\Sigma}$ 为负序/零序系数；$K_{0\Sigma} = z_{0\Sigma} / z_{1\Sigma}$ 为零序/正序系数。

由于

$$\left. \begin{array}{l} \dot{I}_i^{(1,1)} = C_i \dot{I}_{di}^{(1,1)} \\ \dot{U}_i^{(1,1)} = C_i \dot{U}_{di}^{(1,1)} \end{array} \right\} \qquad (i = 0,1,2) \tag{3-26}$$

式中：$i = 0, 1, 2$ 分别表示零序、正序、负序；C_i 表示 i 序分布系数；$\dot{I}_i^{(1,1)}$、$\dot{U}_i^{(1,1)}$ 分别表示两相接地故障的某一支路的 i 序电流、某一节点的 i 序电压；$\dot{I}_{di}^{(1,1)}$、$\dot{U}_{di}^{(1,1)}$ 分别表示两相接地故障的故障点 i 序电流、i 序电压。

则其他故障类型的支路电流、节点电压为

$$\left. \begin{array}{l} \dot{I}_i^{(k)} = C_i \dot{I}_{di}^{(k)} = C_i K_i^{(k)} \dot{I}_{di}^{(1,1)} = K_i^{(k)} \dot{I}_i^{(1,1)} \\ \dot{U}_i^{(k)} = C_i \dot{U}_{di}^{(k)} = C_i K_i^{(k)} \dot{U}_{di}^{(1,1)} = K_i^{(k)} \dot{U}_i^{(1,1)} \end{array} \right\} \qquad (k = 1,2,3; i = 0,1,2) \tag{3-27}$$

即

$$\left. \begin{array}{l} \dot{I}_i^{(k)} = K_i^{(k)} \dot{I}_i^{(1,1)} \\ \dot{U}_i^{(k)} = K_i^{(k)} \dot{U}_i^{(1,1)} \end{array} \right\} \qquad (k = 1,2,3; i = 0,1,2) \tag{3-28}$$

式中：$k = 1, 2, 3$ 分别表示单相接地、两相短路、三相短路；$K_i^{(k)}$ 表示 k 故障类型相对两相接地的 i 序比例系数；$\dot{I}_{di}^{(k)}$、$\dot{U}_{di}^{(k)}$ 分别 k 故障类型的故障点的 i 序电流、i 序电压；$\dot{I}_i^{(k)}$、$\dot{U}_i^{(k)}$ 分别表示 k 故障类型的支路 i 序电流、节点 i 序电压。

可以看出，只需计算两相接地故障类型的支路电流及节点电压，其他故障类型根据式（3-28）即可获得。需要注意的是，电压最值的快速算法中，正序电压分量为故障分量，算出后要加上初始电压分量才能得到所求点的电压正序分量。

3.5　故障测距算法

输电线路发生故障后，在继电保护装置的作用下将故障线路切除。对于瞬时性故障，采取重合闸的方法自动恢复系统运行；对于永久性故障，在重合闸之后断路器再次跳开，下一步是查找出故障点，及时修复故障部分。输电线路一般长达几十千米甚至几百千米，而继电保护装置的实时性要求非常高，只要识别出故障发生在保护区内发出跳闸命令即可，因而不可能给出准确的故障点位置。故障测距就是利用线路故障前、后记录的线路电压、电流信号，在非实时的方式下，确定故障点位置。

按采用的线路模型、测距原理、被测量和测量设备等的不同，故障测距有多种分类方法。本书按照测量电气量的位置不同，总结为单端测量阻抗法和基于网络模型的双端精确故障测距法。

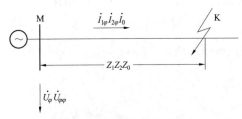

图 3-13　短路故障示意图

3.5.1　单端阻抗测距法

单端阻抗测距法是利用故障时记录下来的电压、电流数据计算出测量点到故障点的距离。单端阻抗测距法是最实用的方法，不需要通信通道，一般微机保护、数字故障录波器中都采用这种方法实现测距功能。

短路故障示意图如图 3-13 所示，线路 K 点发生短路。保护安装处的某相的相电压应该是短路点的该相电压与输电线路上该相的压降之和。输电线路的正序阻抗等于负序阻抗，则故障测量处相电压的计算公式为

$$\dot{U}_{\varphi} = \dot{U}_{k\varphi} + (\dot{I}_{\varphi} + K3\dot{I}_0)Z_1 \qquad (3-29)$$

式中：φ 表示相，$\varphi = $ A、B、C；$\dot{U}_{\varphi}$、$\dot{I}_{\varphi}$ 为故障测量处的相电压、相电流；$\dot{U}_{k\varphi}$ 为短路点的该相电压；$\dot{I}_0$ 为流过故障测量处的零序电流；K 为零序补偿系数，$K = (Z_0 - Z_1)/3Z_1$，Z_1、Z_0 为短路点到故障测量处的正序、零序阻抗。

故障测量处相间电压的计算公式为

$$\dot{U}_{\varphi\varphi} = \dot{U}_{k\varphi\varphi} + \dot{I}_{\varphi\varphi}Z_1 \qquad (3-30)$$

式中：$\varphi\varphi$ 表示两相相间，$\varphi\varphi = $ AB、BC、AC；$\dot{I}_{\varphi\varphi}$ 为故障测量处的相间电流；$\dot{U}_{k\varphi\varphi}$ 为短路点的相间电压。

测量阻抗的基本公式为

$$Z_m = \frac{\dot{U}_m}{\dot{I}_m} \qquad (3-31)$$

在故障测距中，为了能够准确反映线路长度，使得 $Z_m = Z_1$，根据故障类型不同，$\dot{U}_m$、$\dot{I}_m$ 取值也不同。具体取值方法如表 3-7 所示。

表 3-7　　　　　不同故障类型测量阻抗的电压、电流取值

故障类型	A 相单相接地	BC 两相接地	BC 两相短路	三相短路
接地测量阻抗	$\left.\begin{array}{l}\dot{U}_m = U_a \\ \dot{I}_m = (I_a + K3I_0)\end{array}\right\}$	$\left.\begin{array}{l}\dot{U}_m = U_b \\ \dot{I}_m = (I_b + K3I_0)\end{array}\right\}$ 或 $\left.\begin{array}{l}\dot{U}_m = U_c \\ \dot{I}_m = (I_c + K3I_0)\end{array}\right\}$		$\left.\begin{array}{l}\dot{U}_m = U_a \\ \dot{I}_m = (I_a + K3I_0)\end{array}\right\}$
相间测量阻抗		$\left.\begin{array}{l}\dot{U}_m = U_{bc} \\ \dot{I}_m = I_{bc}\end{array}\right\}$	$\left.\begin{array}{l}\dot{U}_m = U_{bc} \\ \dot{I}_m = I_{bc}\end{array}\right\}$	$\left.\begin{array}{l}\dot{U}_m = U_{bc} \\ \dot{I}_m = I_{bc}\end{array}\right\}$

以图 3-14 所示的双端电源等效系统来说明单端阻抗法测距的基本原理。

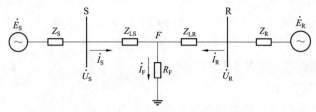

图 3-14 双端电源等效系统图

$\dot{U}_{S}$、$\dot{U}_{R}$——分别为故障时母线 S、R 侧测量电压;

$\dot{I}_{S}$、$\dot{I}_{R}$——分别为故障时线路 S、R 侧流向故障点的测量电流;

Z_{LS}、Z_{LR}——分别为母线 S、R 至故障点的线路正序阻抗,且 $Z_{LS}+Z_{LR}=Z_{L}$。

假设线路上 F 点经过渡电阻 R_F 发生短路,F 点距母线 S 的距离为 α(线路全长的百分比)。测距装置安装在 S 端,则测量阻抗可表示为

$$Z_{m} = \frac{\dot{U}_{S}}{\dot{I}_{S}} = Z_{LS} + \frac{\dot{I}_{F}}{\dot{I}_{S}}R_{F} = Z_{LS} + \Delta Z \tag{3-32}$$

式中:R_F 为故障点的过渡电阻;$\dot{I}_F$ 为故障点的短路电流;ΔZ 为测量误差。

(1)当 $R_F=0$ 时,$\Delta Z=0$,$Z_m=Z_{LS}$,测量结果准确。

(2)当 $R_F \neq 0$ 时,$\Delta Z \neq 0$,测量结果有误差 ΔZ。

1)在单端电源条件下,$\dot{I}_R = 0$,$Z_m = Z_{LS} + R_F$,$\Delta Z = R_F$,测距误差具有纯电阻性质;

2)在双端电源条件下,$\Delta Z = \frac{\dot{I}_F}{\dot{I}_S}R_F$,测距误差不仅与 R_F 大小有关,还受故障电流 $\dot{I}_F$ 与测量点电流 $\dot{I}_S$ 的向量比的影响。

3.5.2 针对接地故障基于网络模型的双端精确故障测距法

任何一个环网系统均可等效为两端系统,并存在两端系统无联系和有联系两种情况。

3.5.2.1 两端系统无联系

两端系统无联系系统图如图 3-15 所示。

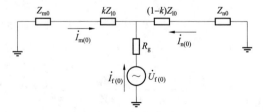

图 3-15 两端系统无联系系统图

$$\dot{I}_{m(0)} = -\frac{(1-k)Z_{L0} + Z_{n0}}{Z_{m0} + Z_{n0} + Z_{L0}}\dot{I}_{f(0)} \tag{3-33}$$

$$\dot{I}_{n(0)} = -\frac{kZ_{L0} + Z_{m0}}{Z_{m0} + Z_{n0} + Z_{L0}}\dot{I}_{f(0)} \tag{3-34}$$

由式(3-33)和式(3-34)得出

$$\frac{\dot{I}_{m(0)}}{\dot{I}_{n(0)}} = \frac{(1-k)Z_{L0} + Z_{n0}}{kZ_{L0} + Z_{m0}} \qquad (3\text{-}35)$$

由上式可知,系统两侧零序电流的比值与 R_g 无关。

3.5.2.2 两端系统有联系

两端系统有联系系统图及其简化图分别如图 3–16 和图 3–17 所示。

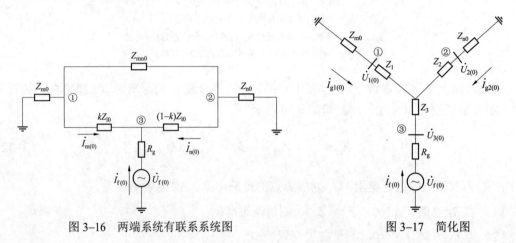

图 3–16　两端系统有联系系统图　　　　　图 3–17　简化图

其中:

$$Z_1 = \frac{Z_{mn0}kZ_{l0}}{Z_{mn0} + Z_{l0}} \qquad (3\text{-}36)$$

$$Z_2 = \frac{Z_{mn0}(1-k)Z_{l0}}{Z_{mn0} + Z_{l0}} \qquad (3\text{-}37)$$

$$Z_3 = \frac{k(1-k)Z_{l0}^2}{Z_{mn0} + Z_{l0}} \qquad (3\text{-}38)$$

为简化计算,令 $\dot{U}_{f(0)} = 1$:

$$\dot{I}_{g1(0)} = C1\dot{I}_{f(0)} \qquad (3\text{-}39)$$

$$\dot{I}_{g2(0)} = C2\dot{I}_{f(0)} \qquad (3\text{-}40)$$

式中: $C1 = -\dfrac{Z_{n0} + Z_2}{Z_{m0} + Z_{n0} + Z_1 + Z_2}$, $C2 = -\dfrac{Z_{m0} + Z_1}{Z_{m0} + Z_{n0} + Z_1 + Z_2}$, 令 $C0 = Z_{m0} + Z_{n0} + Z_1 + Z_2$。

则

$$\dot{U}_{1(0)} = -\dot{I}_{g1(0)}Z_{m0} \qquad (3\text{-}41)$$

$$\dot{U}_{2(0)} = -\dot{I}_{g2(0)}Z_{n0} \qquad (3\text{-}42)$$

$$\dot{U}_{3(0)} = 1 - \dot{I}_{f1(0)}R_g \qquad (3\text{-}43)$$

进而得出

$$\dot{I}_{m(0)}=\frac{\dot{U}_{1(0)}-\dot{U}_{3(0)}}{kZ_{10}}=\frac{-\dot{I}_{g1(0)}Z_{m0}-[1-\dot{I}_{f1(0)}R_{g}]}{kZ_{10}}$$

$$=\frac{\dot{I}_{f1(0)}(R_{g}-C1Z_{m0})-1}{kZ_{10}} \tag{3-44}$$

$$\dot{I}_{n(0)}=\frac{\dot{U}_{2(0)}-\dot{U}_{3(0)}}{(1-k)Z_{10}}$$

$$=\frac{-\dot{I}_{g2(0)}Z_{n0}-(1-\dot{I}_{f1(0)}R_{g})}{(1-k)\ Z_{10}}=\frac{\dot{I}_{f1(0)}(R_{g}-C1Z_{n0})-1}{(1-k)\ Z_{10}} \tag{3-45}$$

$$\dot{I}_{f1(0)}(R_{g}-C1Z_{m0})-1$$

$$=\frac{1}{(Z_{m0}+Z_{1})//(Z_{n0}+Z_{2})+Z_{3}+R_{g}}(R_{g}-C1Z_{m0})-1$$

$$=\frac{1}{\dfrac{(Z_{m0}+Z_{1})(Z_{n0}+Z_{2})}{C0}+Z_{3}+R_{g}}\left(R_{g}+\frac{Z_{n0}+Z_{2}}{C0}Z_{m0}\right)-1 \tag{3-46}$$

$$=\frac{-(Z_{n0}+Z_{2})Z_{m0}-C0Z_{3}}{(Z_{m0}+Z_{1})(Z_{n0}+Z_{2})+C0(Z_{3}+R_{g})}$$

同理

$$\dot{I}_{f1(0)}(R_{g}-C2Z_{n0})-1=\frac{-(Z_{m0}+Z_{1})Z_{n0}-C0Z_{3}}{(Z_{m0}+Z_{1})(Z_{n0}+Z_{2})+C0(Z_{3}+R_{g})} \tag{3-47}$$

则

$$\frac{\dot{I}_{m(0)}}{\dot{I}_{n(0)}}=\frac{(1-k)}{k}\frac{(Z_{n0}+Z_{2})Z_{m0}+C0Z_{3}}{(Z_{m0}+Z_{1})Z_{n0}+C0Z_{3}} \tag{3-48}$$

由式（3-48）可知，系统两侧零序电流的比值与 R_{g} 无关。

3.5.2.3 计算方法

（1）精确故障测距。利用以上计算公式以及两侧零序电流的比值，可直接计算出线路上发生接地故障的距离。但实际计算时，并不是采用上述公式直接计算，而是按以下方法计算。

利用两侧零序电流的比值与故障类型、过渡电阻大小无关，只与零序网络分布有关的特点，结合一次设备模型、实时方式，利用计算机的强大计算能力，随着线路发生接地故障的不同地点的分布，准确计算出两侧零序电流相应比值，即两侧零序电流的比值与线路上发生接地故障的距离成比例关系。利用故障录波测量出的两侧零序电流，即可反算出线路发生接地故障的真实距离。

（2）过渡电阻。利用步骤（1）计算出距离之后，根据故障录波测量出的接地故障类型、测量位置处的零序电流、电压，即可进一步计算出接地过渡电阻的数值。

3.6　测量阻抗算法

3.5.1 节已经简单介绍了输电线路测量阻抗的方法，但在实际应用中，影响测量阻抗值的因素还有很多，例如相邻变压器接线组别的不同、其他线路互感的影响等。本节将主要分析这两种因素对测量阻抗取值的影响。

3.6.1 YNd11 接线变压器三角形侧短路、星形侧阻抗继电器的测量阻抗

图 3–18 中安装在 M 处的距离保护 Ⅲ 段，希望在变压器其他侧母线短路时有较高的灵敏度，因此需要知道阻抗继电器的测量阻抗。设线路正序阻抗为 Z_L，变压器归算到保护安装侧正序阻抗为 Z_T。当变压器是星—星形接线时，故障相（相间）测量阻抗为 Z_L+Z_T，但是当变压器是 YNd11 接线时，由于变压器使电压、电流发生相移，其测量阻抗需要重新计算。当三角形侧发生单相接地短路时，如果忽略分布电容，则不产生短路电流，M 端的距离Ⅲ段保护不会动作，所以只分析在变压器三角形侧母线发生三相

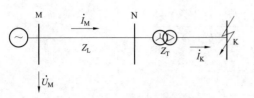

图 3–18　示例系统图

和两相金属性短路时 M 处的测量阻抗。

根据对称分量法，并考虑到三相和两相短路时没有零序分量的电压和电流，得到 M 处各相相间测量阻抗表达式为

$$\left.\begin{aligned}
Z_{mAB} &= \frac{\dot{U}_{MAB}}{\dot{I}_{MAB}} = \frac{\dot{U}_{MA} - \dot{U}_{MB}}{\dot{I}_{MA} - \dot{I}_{MB}} = \frac{\dot{U}_{MA1} - \alpha\dot{U}_{MA2}}{\dot{I}_{MA1} - \alpha\dot{I}_{MA2}} \\
Z_{mBC} &= \frac{\dot{U}_{MBC}}{\dot{I}_{MBC}} = \frac{\dot{U}_{MB} - \dot{U}_{MC}}{\dot{I}_{MB} - \dot{I}_{MC}} = \frac{\dot{U}_{MA1} - \dot{U}_{MA2}}{\dot{I}_{MA1} - \dot{I}_{MA2}} \\
Z_{mCA} &= \frac{\dot{U}_{MCA}}{\dot{I}_{MCA}} = \frac{\dot{U}_{MC} - \dot{U}_{MA}}{\dot{I}_{MC} - \dot{I}_{MA}} = \frac{\dot{U}_{MA1} - \alpha^2\dot{U}_{MA2}}{\dot{I}_{MA1} - \alpha^2\dot{I}_{MA2}}
\end{aligned}\right\} \tag{3-49}$$

同理，M 处 A、B、C 相上的接地测量阻抗为

$$\left.\begin{aligned}
Z_{mA} &= \frac{\dot{U}_{MA}}{\dot{I}_{MA}} = \frac{\dot{U}_{MA1} + \dot{U}_{MA2}}{\dot{I}_{MA1} + \dot{I}_{MA2}} \\
Z_{mB} &= \frac{\dot{U}_{MB}}{\dot{I}_{MB}} = \frac{\alpha^2\dot{U}_{MA1} + \alpha\dot{U}_{MA2}}{\alpha^2\dot{I}_{MA1} + \alpha\dot{I}_{MA2}} \\
Z_{mC} &= \frac{\dot{U}_{MC}}{\dot{I}_{MC}} = \frac{\alpha\dot{U}_{MA1} + \alpha^2\dot{U}_{MA2}}{\alpha\dot{I}_{MA1} + \alpha^2\dot{I}_{MA2}}
\end{aligned}\right\} \tag{3-50}$$

3.6.1.1 三相金属性短路

发生三相相间短路时，只有正序分量没有负序分量，且两侧电压、电流都是对称的。考虑到三相金属性短路时短路点的正序电压为零，则 $\dot{U}_{MA1} = \dot{I}_{MA1}(Z_L + Z_T)$，结合式（3–49）、式（3–50）得

$$Z_{mAB} = Z_{mBC} = Z_{mCA} = Z_{mA} = Z_{mB} = Z_{mC} = \frac{\dot{U}_{MA1}}{\dot{I}_{MA1}} = Z_L + Z_T \tag{3-51}$$

由上式可知，在变压器三角形侧发生三相短路时，M 处的 3 个相间测量阻抗、3 个接地测量阻抗均为 $Z_L + Z_T$，与变压器的联结组别无关。

3.6.1.2 两相金属性短路

变压器三角形侧母线发生两相金属性短路（以 BC 两相短路为例），则变压器三角形侧的序电流和序电压有如下关系

$$\left. \begin{aligned} \dot{I}_{KA1} &= -\dot{I}_{KA2} \\ \dot{U}_{KA1} &= \dot{U}_{KA2} = -\dot{I}_{KA2}Z_{2\Sigma} = \dot{I}_{KA1}Z_{1\Sigma} \end{aligned} \right\} \tag{3-52}$$

考虑到三角形侧与星形侧的相移，得到星形侧的正、负序电流 $\dot{I}_{MA1}$、$\dot{I}_{MA2}$，M、N 母线处的正、负序电压 $\dot{U}_{MA1}$、$\dot{U}_{MA2}$、$\dot{U}_{NA1}$、$\dot{U}_{NA2}$ 分别如式（3-53）~式（3-55）所示。

$$\left. \begin{aligned} \dot{I}_{MA1} &= \dot{I}_{KA1}e^{-j30°} \\ \dot{I}_{MA2} &= \dot{I}_{KA2}e^{j30°} = -\dot{I}_{KA1}e^{j30°} \end{aligned} \right\} \tag{3-53}$$

$$\left. \begin{aligned} \dot{U}_{NA1} &= \dot{U}_{KA1}e^{-j30°} + \dot{I}_{MA1}Z_T = \dot{U}_{KA1}e^{-j30°} + \dot{I}_{KA1}e^{-j30°}Z_T \\ \dot{U}_{NA2} &= \dot{U}_{KA2}e^{j30°} + \dot{I}_{MA2}Z_T = \dot{U}_{KA1}e^{j30°} - \dot{I}_{KA1}e^{j30°}Z_T \end{aligned} \right\} \tag{3-54}$$

$$\left. \begin{aligned} \dot{U}_{MA1} &= \dot{U}_{NA1} + \dot{I}_{MA1}Z_L = \dot{U}_{KA1}e^{-j30°} + \dot{I}_{KA1}e^{-j30°}(Z_L + Z_T) \\ \dot{U}_{MA2} &= \dot{U}_{NA2} + \dot{I}_{MA2}Z_L = \dot{U}_{KA1}e^{j30°} - \dot{I}_{KA1}e^{j30°}(Z_L + Z_T) \end{aligned} \right\} \tag{3-55}$$

将式（3-54）和式（3-55）代入式（3-52）和式（3-53）中，得到相间测量阻抗与接地测量阻抗为

$$\left. \begin{aligned} Z_{mAB} &= \infty \\ Z_{mBC} &= (Z_L + Z_T) - j\frac{Z_{1\Sigma}}{\sqrt{3}} \\ Z_{mCA} &= (Z_L + Z_T) + j\frac{Z_{1\Sigma}}{\sqrt{3}} \end{aligned} \right\} \tag{3-56}$$

$$\left. \begin{aligned} Z_{mA} &= (Z_L + Z_T) + j\sqrt{3}Z_{1\Sigma} \\ Z_{mB} &= (Z_L + Z_T) - j\sqrt{3}Z_{1\Sigma} \\ Z_{mC} &= (Z_L + Z_T) \end{aligned} \right\} \tag{3-57}$$

综上所述，在三角形侧发生三相短路时，星形侧的 6 个测量阻抗值以及三角形侧发生两相短路时，星形侧落后相（对于 YNd1 接线变压器是超前相）上的接地测量阻抗值能准确反映短路点到保护安装处的正序阻抗。

3.6.2 零序电流补偿系数对线路接地测量阻抗的影响

由表 3-8 得到线路发生接地故障时，接地测量阻抗的计算公式为

$$Z_{m.\varphi} = \frac{\dot{U}_\varphi}{\dot{I}_\varphi + K3\dot{I}_0} \tag{3-58}$$

式中：φ 表示相，φ = A、B、C；K 为零序电流补偿系数。

当线路为单回无互感线路时，$K = (Z_0 - Z_1)/3Z_1$，Z_1、Z_0 为短路点到故障测量处的正序、零序阻抗。但是当线路与其他线路存在互感时，零序互感耦合线路对接地距离保护有影响，

使得接地距离保护的零序电流补偿系数随互感线路处在不同工况下和故障点的位置不同而变化。

表3-8   零序电流补偿系数计算表

线路类型		圆特性	四边形特性	
		K	K_X	K_R
单回线路（无互感）		$K = \dfrac{Z_0 - Z_1}{3Z_1}$	$K_X = \dfrac{X_0 - X_1}{3X_1}$	$K_R = \dfrac{R_0 - R_1}{3R_1}$
有互感双回线路	双回线运行	$K = \dfrac{Z_0 - Z_1 + Z_{0M}}{3Z_1}$	$K_X = \dfrac{X_0 - X_1 + X_{0M}}{3X_1}$	$K_R^* = \dfrac{R_0 - R_1 + R_{0M}}{3R_1}$
	一回线挂检	$K = \dfrac{Z_0 - Z_1 - \dfrac{Z_{0M}^2}{Z_0}}{3Z_1}$	$K_X = \dfrac{X_0 - X_1 - \dfrac{X_{0M}^2}{X_0}}{3X_1}$	$K_R^* = \dfrac{R_0 - R_1 - \dfrac{R_{0M}^2}{Z_1}}{3R_1}$
	双回线无公共端点	$K = \dfrac{Z_0 - Z_1 - \dfrac{Z_{0M}^2}{Z_0}}{3Z_1}$	$K_X = \dfrac{X_0 - X_1 - \dfrac{X_{0M}^2}{X_0}}{3X_1}$	$K_R^* = \dfrac{R_0 - R_1 - \dfrac{R_{0M}^2}{Z_0}}{3R_1}$

注　*考虑到零序互阻抗主要是电抗分量，可认为 $K_R = \dfrac{R_0 - R_1}{3R_1}$。

实际使用中，保护装置只有一个补偿系数的定值，并不能分情况考虑不同的接线类型，所以导致接地测量阻抗与实际测量距离并不相同。综合考虑各种情况，按以下步骤选择补偿系数较合理。

（1）从继电保护的选择性要求来看，任何时候均不希望保护范围伸长造成保护越级动作，所以零序电流补偿系数一般按下列公式取值。

$$K = \frac{Z_0 - Z_1 - \dfrac{Z_{0M}^2}{Z_0}}{3Z_1} \left(K_X = \frac{X_0 - X_1 - \dfrac{X_{0M}^2}{X_0}}{3X_1} \right) \tag{3-59}$$

（2）这样 $K(K_X)$ 取小了，外部短路时有利于保护不误动，但是内部短路时灵敏度会有所下降，这在工程上是允许的。

（3）若互感未能实测时，也可以通过同类型或相近的测量数据得出的互感系数 $\left(K_M = \dfrac{Z_{0M}}{Z_0} \text{ 或 } K_M = \dfrac{X_{0M}}{X_0} \right)$ 估算零序互感，一般互感系数可取 0.7～0.8。

综上所述，补偿系数一般从保护的选择性角度选取较小的测量阻抗值。

对于补偿系数的选择，各地的运行经验不同，例如，国家电网调度中心华北分中心要求补偿系数按 $K = \dfrac{Z_0 - Z_1}{3Z_1}$ 来选择，但在整定原则里，对系数进行修正：

（1）I段：按躲本线路末端故障整定。

当支路无互感时：

1）当长度小于 5km，不装设保护；

2）当长度小于 10km 时，可靠系数取 0.5；

3）当长度大于 10km 时，可靠系数取 0.7。

当支路有互感时：

1）$X_{0m} < 0.3X_0$，可靠系数取 0.65；

2）$0.3X_0 \leqslant X_{0m} < 0.4X_0$，可靠系数取 0.6；

3）$0.4X_0 \leqslant X_{0m} < 0.5X_0$，可靠系数取 0.55；

4）$0.5X_0 \leqslant X_{0m} < 0.6X_0$，可靠系数取 0.5；

5）$0.6X_0 \leqslant X_{0m} < 0.7X_0$，可靠系数取 0.45；

6）$X_{0m} \geqslant 0.7X_0$，可靠系数取 0.4。

两者中取小值。

（2）Ⅱ、Ⅲ段灵敏度系数的修正。

当支路无互感时，根据 DL/T 559—2007，灵敏度系数取值如下：

1）50km 以下线路，不小于 1.45；

2）50～100km 线路，不小于 1.4；

3）100～150km 线路，不小于 1.35；

4）150～200km 线路，不小于 1.3；

5）200km 以上线路，不小于 1.25。

当支路有互感时，灵敏度系数按式（3–60）进行修订：

$$
\left.
\begin{aligned}
K_0 &= (Z_0 - Z_1)/3Z_1 \\
K_0 &= \left(Z_0 - Z_1 + \frac{Z_m^2}{Z_0} \right) \Big/ 3Z_1 \\
K_{lm} &= K_{lm} \times \frac{1 + K_0'}{1 + K_0}
\end{aligned}
\right\}
\qquad (3\text{–}60)
$$

3.7 算例

3.7.1 计算故障点电流电压

如图 3–19 所示为环形网络的示例接线图，已知各元件的参数为：

发电机：G1～G3，$S_G = 100\text{MW}$，$U_G = 10.5\text{kV}$，$\cos\phi_N = 0.86$，$x_d'' = 0.183$，中性点均不接地，负序电抗近似等于 x_d''。

变压器：T1～T3，$S_T = 120\text{MVA}$，$U_T = 115/10.5\text{kV}$，$U_d\% = 10.5$，为 YNd 接线（发电机侧为三角形）。

线路：Ⅰ～Ⅲ，三条线路参数完全相同，长度为 50km，电抗为 0.44Ω/km，零序电抗均为 0.20（标幺值）。

基准容量：$S_B = 60\text{MVA}$。

要求计算节点 3 分别发生单相接地、两相短路和两相接地时故障处的短路电流和电压。

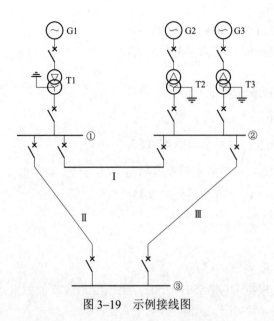

图 3-19　示例接线图

解答：

（1）由继电保护故障分析管理与仿真系统直接生成的 3 个序网图如图 3-20 所示。正序网络见图 3-20（a）；负序网络与正序网络相同，但无电源；零序网络见图 3-20（b）。

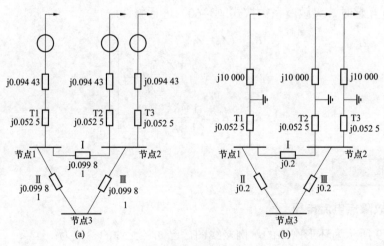

图 3-20　序网图
（a）正、负序网络；（b）零序网络

（2）计算 3 个序网络对故障点的等值阻抗。先求正、负序电抗，对图 3-20（a）进行简化，如图 3-21 所示。

得

$$Z_{\Sigma(1)} = j0.100\ 3$$

$$Z_{\Sigma(2)} = Z_{\Sigma(1)} = j0.100\ 3$$

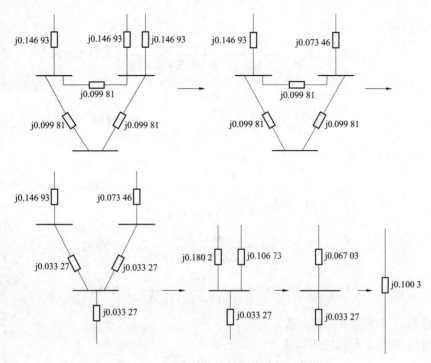

图 3-21　正序等值计算简化过程示意图

零序网络的化简过程如图 3-22 所示。

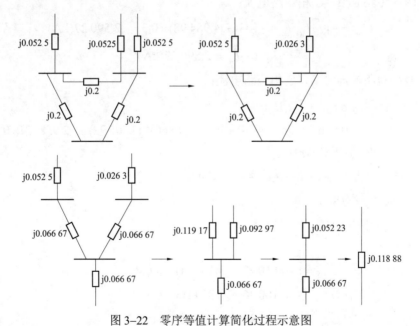

图 3-22　零序等值计算简化过程示意图

得

$$Z_{\Sigma(0)}=j0.118\,88$$

（3）计算故障点各序电流（假设故障点在正常情况下的电压标幺值为1）。

A 相短路接地：

$$\bar{I}_{3(1)} = \bar{I}_{3(2)} = \bar{I}_{3(0)} = \frac{1}{j0.1003 + j0.1003 + j0.11888} = j3.13011$$

B、C 两相短路：

$$\bar{I}_{3(1)} = -\bar{I}_{3(2)} = \frac{1}{j0.1003 + j0.1003} = -j4.98498$$

B、C 两相短路接地：

$$\bar{I}_{3(1)} = \frac{1}{j0.1003 + \dfrac{j0.1003 \times j0.11888}{j0.1003 + j0.11888}} = -j6.46404$$

$$\bar{I}_{3(2)} = j6.46404 \times \frac{j0.11888}{j0.1003 + j0.11888} = j3.50592$$

$$\bar{I}_{3(0)} = j6.46404 \times \frac{j0.1003}{j0.1003 + j0.11888} = j2.95813$$

（4）计算故障处相电流有名值。

A 相短路接地时 A 相短路电流：

$$\bar{I}_{3A} = 3\bar{I}_{3(1)}\bar{I}_B = 3(-j3.13011) \times \frac{60}{\sqrt{3} \times 115} = -j2.817099 \text{(kA)}$$

B、C 两相短路时 B、C 相短路电流：

$$\bar{I}_{3B} = -j\sqrt{3}\bar{I}_{3(1)}\bar{I}_B = -j\sqrt{3}(-j4.98498) \times 0.3 = -2.59027 \text{(kA)}$$

$$\bar{I}_{3C} = -\bar{I}_{3B} = 2.59027 \text{(kA)}$$

B、C 两相短路接地时 B、C 相短路电流：

$$\bar{I}_{3B} = [\alpha^2\bar{I}_{3(1)} + \alpha\bar{I}_{3(2)} + \bar{I}_{3(0)}]\bar{I}_B$$
$$= [(-0.5 - j0.866)(-j6.46404) + (0.5 + j0.866)(j3.50592) + j2.95813] \times 0.3$$
$$= -2.56 + j1.33 \text{(kA)}$$

$$\bar{I}_{3C} = [\alpha\bar{I}_{3(1)} + \alpha^2\bar{I}_{3(2)} + \bar{I}_{3(0)}]\bar{I}_B = 2.56 + j1.33 \text{(kA)} = 2.88 \text{(kA)}$$

$$\bar{I}_{3B} = \bar{I}_{3C} = 2.88 \text{(kA)}$$

（5）计算故障处相电压

A 相接地：

$$\bar{U}_{3(1)} = 1 - j0.1003(-j3.13011) = 0.68605$$

$$\bar{U}_{3(2)} = -j0.1003(-j3.13011) = -0.31395$$

$$\bar{U}_{3(0)} = -j0.11888(-j3.13011) = -0.37211$$

$$\bar{U}_{3B} = [\alpha^2\bar{U}_{3(1)} + \alpha\bar{U}_{3(2)} + \bar{U}_{3(0)}] = -0.552 - j0.866$$

$$\bar{U}_{3C} = [\alpha^2\bar{U}_{3(1)} + \alpha\bar{U}_{3(2)} + \bar{U}_{3(0)}] = -0.552 + j0.866$$

$$\bar{U}_{3B} = \bar{U}_{3C} = 1.03$$

B、C 两相短路：

$$\dot{U}_{3(1)} = \bar{U}_{3(2)} = -\text{j}4.984\,98 \times \text{j}0.100\,3 = 0.5$$

$$\bar{U}_{3A} = \bar{U}_{3(1)} + \bar{U}_{3(2)} = 1$$

$$\bar{U}_{3B} = (\alpha^2 + \alpha)\bar{U}_{3(1)} = -0.5$$

$$\bar{U}_{3C} = -0.5$$

B、C 两相接地：

$$\bar{U}_{3(1)} = \bar{U}_{3(2)} = \bar{U}_{3(0)} = -\text{j}3.46 \times \text{j}0.100\,3 = 0.35$$

$$\bar{U}_{3A} = 3\bar{U}_{3(1)} = 1.05$$

以上电压均为标幺值。

3.7.2　计算非故障处电流电压

计算 3.7.1 算例中节点③单相接地短路时的电流与电压值。

求：（1）节点①和②的电压；（2）线路Ⅰ～Ⅲ的电流；（3）发电机 G1 的端电压。

解答：

（1）求节点①和②的电压。

由正序故障分量网络（也是负序网络），如图 3–23 所示。

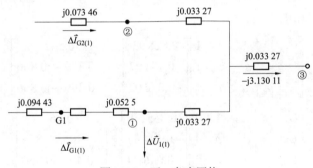

图 3–23　正、负序网络

计算两发电机的正序电流（故障分量）和负序电流，即

$$\Delta \bar{I}_{G1(1)} = \Delta \bar{I}_{G1(2)} = -\text{j}3.130\,11 \frac{\text{j}0.106\,73}{\text{j}0.106\,73 + \text{j}0.180\,2} = -\text{j}1.164\,31$$

$$\Delta \bar{I}_{G2(1)} = \Delta \bar{I}_{G2(2)} = -\text{j}3.130\,11 \frac{\text{j}0.180\,2}{\text{j}0.106\,73 + \text{j}0.180\,2} = -\text{j}1.965\,8$$

图中①、②两点正序电压故障分量：

$$\Delta \bar{U}_{1(1)} = 0 - (-\text{j}1.164\,31) \times \text{j}0.146\,93 = -0.171\,07$$

$$\Delta \bar{U}_{2(1)} = 0 - (-\text{j}1.965\,8) \times \text{j}0.073\,46 = -0.144\,41$$

①、②两点的正序电压：

$$\bar{U}_{1(1)} = 1 + \Delta \bar{U}_{1(1)} = 1 - 0.171\,07 = 0.828\,93$$

$$\bar{U}_{2(1)} = 1 + \Delta \bar{U}_{2(1)} = 1 - 0.144\,41 = 0.855\,59$$

①、②两点的负序电压：

$$\dot{U}_{1(2)} = \Delta\dot{U}_{1(1)} = -0.171\,07$$

$$\dot{U}_{2(2)} = \Delta\dot{U}_{2(1)} = -0.144\,41$$

①、②两点的零序电压由图 3–24 所示的零序网络求得。

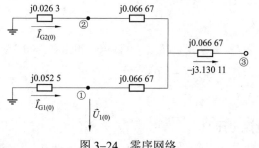

图 3–24　零序网络

$$\dot{U}_{1(0)} = -\left(-\text{j}3.130\,11 \times \frac{\text{j}0.092\,97}{\text{j}0.092\,97 + \text{j}0.119\,17}\right) \times 0.052\,5 = 0.072\,02$$

$$\dot{U}_{2(0)} = -\left(-\text{j}3.130\,11 \times \frac{\text{j}0.119\,17}{\text{j}0.092\,97 + \text{j}0.119\,17}\right) \times 0.026\,3 = 0.046\,24$$

①、②两点的三相电压为

$$\begin{bmatrix} \dot{U}_{1A} \\ \dot{U}_{1B} \\ \dot{U}_{1C} \end{bmatrix} = \begin{bmatrix} 1 & 1 & 1 \\ a^2 & a & 1 \\ a & a^2 & 1 \end{bmatrix} \begin{bmatrix} 0.828\,93 \\ -0.171\,07 \\ -0.072\,02 \end{bmatrix} = \begin{bmatrix} 0.582 \\ -0.399 - \text{j}0.866 \\ -0.399 + \text{j}0.866 \end{bmatrix}$$

$$\begin{bmatrix} \dot{U}_{2A} \\ \dot{U}_{2B} \\ \dot{U}_{2C} \end{bmatrix} = \begin{bmatrix} 1 & 1 & 1 \\ a^2 & a & 1 \\ a & a^2 & 1 \end{bmatrix} \begin{bmatrix} 0.855\,59 \\ -0.144\,41 \\ -0.046\,24 \end{bmatrix} = \begin{bmatrix} 0.66 \\ -0.40 - \text{j}0.866 \\ -0.40 + \text{j}0.866 \end{bmatrix}$$

有效值分别为

$$\begin{bmatrix} \dot{U}_{1A} \\ \dot{U}_{1B} \\ \dot{U}_{1C} \end{bmatrix} = \begin{bmatrix} 0.582 \\ 0.953 \\ 0.953 \end{bmatrix}; \quad \begin{bmatrix} \dot{U}_{2A} \\ \dot{U}_{2B} \\ \dot{U}_{2C} \end{bmatrix} = \begin{bmatrix} 0.66 \\ 0.954 \\ 0.954 \end{bmatrix}$$

由此结果可知，在非故障处 A 相电压并不为零，而 B、C 相电压较故障处低。

（2）线路 Ⅰ～Ⅲ的电流。

各序分量为

$$\dot{I}_{1-3(1)} = \frac{\dot{U}_{1(1)} - \dot{U}_{3(1)}}{Z_{1-3(1)}} = \frac{0.828\,93 - 0.686\,05}{\text{j}0.094\,43} = -\text{j}1.431\,48$$

$$\dot{I}_{1-3(2)} = \frac{\dot{U}_{1(2)} - \dot{U}_{3(2)}}{Z_{1-3(2)}} = \frac{-0.171\,07 + 0.313\,95}{\text{j}0.094\,43} = -\text{j}1.431\,49$$

$$\vec{I}_{1-3(0)} = \frac{\vec{U}_{1(0)} - \vec{U}_{3(0)}}{Z_{1-3(0)}} = \frac{-0.072\,02 + 0.372\,11}{j0.2} = -j1.500\,45$$

（节点③各序电压前面已求得。）

线路Ⅰ～Ⅲ的三相电流为

$$\begin{bmatrix} \vec{I}_{1-3a} \\ \vec{I}_{1-3b} \\ \vec{I}_{1-3c} \end{bmatrix} = \begin{bmatrix} 1 & 1 & 1 \\ a^2 & a & 1 \\ a & a^2 & 1 \end{bmatrix} \begin{bmatrix} -j1.431\,48 \\ -j1.431\,49 \\ -j1.500\,45 \end{bmatrix} = \begin{bmatrix} -j4.363\,45 \\ -j0.069 \\ -j0.069 \end{bmatrix}$$

有名值为

$$\begin{bmatrix} \vec{I}_{1-3a} \\ \vec{I}_{1-3b} \\ \vec{I}_{1-3c} \end{bmatrix} = \frac{60}{\sqrt{3} \times 115} \times \begin{bmatrix} -j4.363\,45 \\ -j0.069 \\ -j0.069 \end{bmatrix} = \begin{bmatrix} -j1.314\,38 \\ -j0.020\,78 \\ -j0.020\,78 \end{bmatrix} \text{(kA)}$$

（3）G1 端电压的正序分量（故障分量）和负序分量由图 3–23 可得

$$\Delta \vec{U}_{G1(1)} = \Delta \vec{U}_{G1(2)} = -(-j1.164\,31) \times (j0.094\,43) = -0.109\,95$$

$$\vec{U}_{G1(1)} = 1 - 0.109\,95 = 0.890\,05$$

由于发电机端电压的零序分量为零，故三相电压由正、负序合成。考虑到变压器为 Yd11 形接线，所以在合成三相电压前正序分量要逆时针方向转 30°，即

$$\begin{bmatrix} \vec{U}_a \\ \vec{U}_b \\ \vec{U}_c \end{bmatrix} = \begin{bmatrix} 1 & 1 & 1 \\ a^2 & a & 1 \\ a & a^2 & 1 \end{bmatrix} \begin{bmatrix} 0.890\,05e^{j30°} \\ -0.109\,95e^{-j30°} \\ 0 \end{bmatrix} = \begin{bmatrix} 0.665 + j0.5 \\ -j \\ -0.665 + j0.5 \end{bmatrix}$$

有效值为

$$\begin{bmatrix} \vec{U}_a \\ \vec{U}_b \\ \vec{U}_c \end{bmatrix} = \begin{bmatrix} 0.831 \\ 1 \\ 0.831 \end{bmatrix}$$

3.7.3 基于两相接地短路快速计算其他故障类型的支路电流和节点电压

如图 3–25 所示，假设系统正负序参数相同，电源 $\vec{E}_{G1} = \vec{E}_{G2} = j1.0$。已知 K 点发生两相接地故障时 M 处的故障分量为 $\vec{I}_1$、$\vec{I}_2$、$\vec{I}_0$，$\vec{U}_1$、$\vec{U}_2$、$\vec{U}_0$，分别求 K 点单相接地、两相短路、三相短路时 M 处的故障分量。

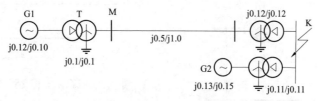

图 3–25　系统接线图

解答：

该系统为不接地系统（即 $Z_{0\Sigma} = \infty$），当 $Z_{0\Sigma} = \infty$ 和 $Z_{1\Sigma} = Z_{2\Sigma}$ 时，有 $K_{2\Sigma} = 1$、$K_{20\Sigma} = 0$、$K_{0\Sigma} = \infty$，代入表 3–6 中得到如表 3–9 所示的比例系数表。同理可得表 3–10 所示的其他故障类型的计算结果。

表 3–9　　　　　　　　基于两相接地短路的各序比例系数（ $Z_{0\Sigma} = \infty$ ）

比例系数	K_1	K_2	K_0
$d_{\mathrm{A}}^{(1)}$	0	0	0
$d_{\mathrm{A}}^{(2)}$	1	1	0
$d_{\mathrm{A}}^{(3)}$	2	0	0
$d_{\mathrm{A}}^{(1.1)}$	1	1	0

表 3–10　　　　　　　　　　简化算法的计算结果

短路类型	单相接地	两相接地	三相短路
各序电流	0, 0, 0	$\dot{I}_1$, $\dot{I}_2$, 0	$2\dot{I}_1$, 0, 0
电压	0, 0, 0	$\dot{U}_1$, $\dot{U}_2$, 0	$2\dot{U}_1$, 0, 0

3.7.4　计算经变压器相移的测量阻抗

本算例为某供电局柏林变电站供电方案：柏林供电 03，柏石Ⅱ线，柏中Ⅱ线，柏宝Ⅱ线。柏阳线开环计算，在宝红变电站 2 号变压器低压侧发生两相相间短路。计算宝红 2 号变压器高压侧测量阻抗。示例接线图如图 3–26 所示。

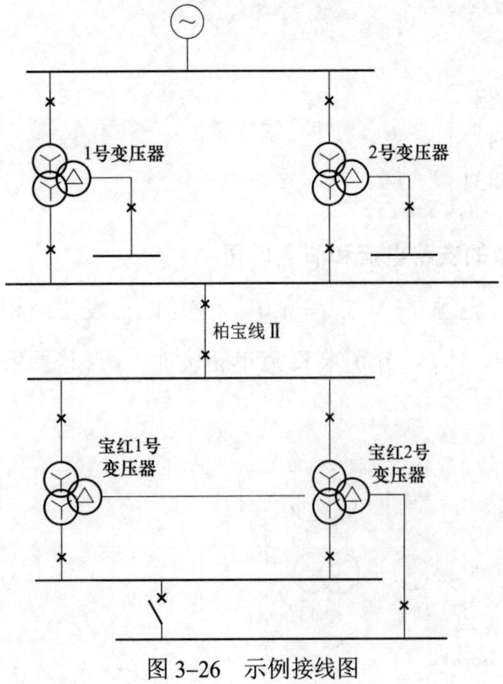

解答：

（1）宝红变电站变压器的正序网络图如图 3–27 所示。

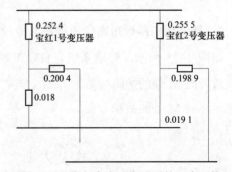

图 3–27　宝红变电站变压器的正序网络

$$X_{1\mathrm{H}} + X_{1\mathrm{M}} + X_{2\mathrm{M}} = \mathrm{j}0.252\,4 - \mathrm{j}0.018 - \mathrm{j}0.019\,1$$
$$= \mathrm{j}0.215\,3$$

图 3–26　示例接线图

$Z_{\text{T等效}} = j0.215\,3\,/\!/\,j0.255\,5 + j0.198\,9 = j0.315\,7$

（2）系统整体的正序网络图如图 3-28 所示。

$$\begin{aligned}
Z_{1\Sigma} = Z_{2\Sigma} &= j0.008 + (j0.058\,8 - j0.004\,6)\,/\!/ \\
&\quad (j0.058\,9 - j0.004\,8) + 0.011\,8 + \\
&\quad j0.043\,2 + Z_{\text{T等效}} \\
&= 0.011\,8 + j0.394
\end{aligned}$$

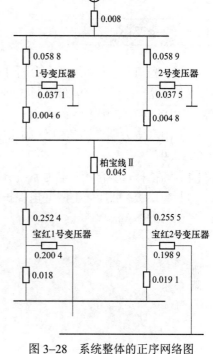

故障点信息：

$$\bar{I}_1 = -\bar{I}_2 = \frac{1}{Z_{1\Sigma} + Z_{2\Sigma}} = 1.268\,4\ \underline{/-88.28^\circ}$$

$$\bar{U}_1 = \bar{U}_2 = 0.5\ \underline{/0^\circ}$$

宝红变电站变压器高压侧（考虑 30° 相移）：

$$\bar{I}_1' = \frac{0.215\,3}{0.215\,3 + 0.255\,5} \times 1.268\,4\ \underline{/-88.28^\circ}\ \times$$

$$1\underline{/-30^\circ}$$

$$= 0.580\,1\ \underline{/241.72^\circ}$$

$$\bar{I}_2' = 0.580\,1\ \underline{/241.72^\circ}$$

$$\bar{U}_1' = (1.268\,4\ \underline{/-88.28^\circ}\ \times j0.315\,7 + 0.5\underline{/0^\circ}) \times$$

$$1\underline{/-30^\circ}$$

$$= 0.900\,3\ \underline{/29.24^\circ}$$

$$\bar{U}_2' = 0.100\,3\ \underline{/29.24^\circ}$$

图 3-28　系统整体的正序网络图

（柏宝线 II 阻抗为 0.011 8+j0.043 2=0.045 1 $\underline{/74.783^\circ}$）

B、C 相间测量阻抗为

$$\frac{\bar{U}_\text{B} - \bar{U}_\text{C}}{\bar{I}_\text{B} - \bar{I}_\text{C}} = \frac{\alpha^2\bar{U}_1 + \alpha\bar{U}_2 - \alpha\bar{U}_1 - \alpha^2\bar{U}_2}{\alpha^2\bar{I}_1 + \alpha\bar{I}_2 - \alpha\bar{I}_1 - \alpha^2\bar{I}_2} = \frac{\bar{U}_1 - \bar{U}_2}{\bar{I}_1 - \bar{I}_2} = 0.839\ \underline{/53.633\,6^\circ}$$

有名值为

$$0.839\underline{/53.633-6^\circ} \times \frac{115^2}{100} = 110.957\ \underline{/53.633-6^\circ}(\Omega)$$

3.8　小结

短路问题是电力技术的基本问题之一。在发电厂、变电站以及整个电力系统的设计和运行工作中，都必须事先进行短路计算，以此作为合理选择电气接线、选用有足够热稳定度和动稳定度的电气设备及载流导体、确定限制短路电流的措施、合理配置各种继电保护并整定其参数等的重要依据。为此，掌握短路发生以后的物理过程以及计算短路时各种运行参量（电流、电压等）的计算方法是非常有必要的。

3.9　参考文献

［1］李光琦. 电力系统暂态分析［M］. 北京：中国电力出版社，2007.

［2］王磊，徐丙华. 华东电网 500kV 自耦变压器中性点小电抗接地应用的研究［J］. 变压器，2010，47（5）：53-56.

［3］国家电力调度通信中心.国家电网公司继电保护培训教材［M］. 北京：中国电力出版社，2009.

［4］韩祯祥，吴国炎. 电力系统分析［M］. 杭州：浙江大学出版社，1992.

［5］龚仁敏. 可视化电网继电保护整定计算新算法的研究［D］. 河北：华北电力大学，2003：12-35.

第 **4** 章

电力网络复杂故障的通用计算

4.1　电力网络数学模型的选取与建立

　　潮流计算、稳定计算、故障分析等电力系统计算，都是以电力网络的数学模型为基础。一个已知的电力系统网络总是可以用支路方程、节点方程或回路方程来描述。其中节点方程具有易于形成、便于随电路连接状态变化而对其进行修正的优点，因此，在电力系统的分析计算中常采用节点方程。

　　电力网络节点方程分为两类：节点导纳方程和节点阻抗方程，分别如式（4–1）和式（4–2）所示。

$$I = YU \qquad (4–1)$$

　　节点导纳矩阵 Y 描述了网络的短路参数。它与电力网络之间有简单的对应关系，可以通过扫描网络中的支路，根据支路在网络中的连接关系直接形成自导纳和互导纳，最后建立节点导纳矩阵。

$$U = ZI \qquad (4–2)$$

　　节点阻抗矩阵 Z 描述了网络的开路参数。它与电力网络间的关系比较复杂，可以通过支路追加法直接建立，也可以根据已形成的节点导纳矩阵的因子表，采用连续回代法建立。

　　下面对以上两种电力网络的数学模型作简单的比较。

　　（1）节点导纳矩阵 Y 的优势在于其便于建立。首先扫描网络中的所有支路，然后根据支路在网络中连接关系形成自导纳和互导纳，最后建立节点导纳矩阵。节点导纳矩阵是稀疏矩阵，因此可以采用稀疏矩阵技术进行存储，节省内存。

　　（2）节点阻抗矩阵 Z 的建立比较困难，无论是支路追加法还是从节点导纳矩阵求逆矩阵，其工作量要多的多。还需指出，节点阻抗矩阵是一个满阵，其非对角元一般不等于零，每个元素都包含了全网的信息，这对计算机的内存要求较高。但正是"节点阻抗矩阵中的元素包含了全网的信息"这一特点，使得节点阻抗矩阵 Z 在电力系统故障分析中的应用很普遍。

　　（3）利用电力系统的节点阻抗方程，通过对给定的节点注入电流，便可得到各母线电压，因此比利用节点导纳方程便利得多，这是它的突出优点。在进行各种故障计算时，可直接用有关节点阻抗元素进行运算，因此在多次重复使用时，利用这一方法计算速度快，占用机时少。

　　（4）利用节点导纳矩阵进行故障分析时，每进行一次计算，都必须用因子表进行回代运算。这一计算等效于通过注入单位电流求节点电压而得到节点阻抗矩阵的一列向量。因此，采用这一方法对某一特定网络进行大量故障计算时，会出现重复形成节点阻抗列向量的情况，浪费了机时，显然不适用于要对电网进行反复的、多点故障计算的、面向保护整定计算的故障计算。

作为描述电力网络的数学模型，节点导纳矩阵和节点阻抗矩阵各有优点。一般说来，在电力系统潮流和稳定计算中，应用节点导纳矩阵有明显的优点；而在故障计算尤其是在面向继电保护整定计算的故障计算中，往往需要对同一个电力网络进行反复的、大量的短路计算，此时用节点阻抗矩阵求解有一定的优势。因此，本文将选用节点阻抗方程作为研究面向电力系统继电保护整定计算的电力网络数学模型。

4.2　伴有拓扑结构与参数变化的大型电力网络方程的求解

继电保护整定计算中故障计算的特殊性在于要反复考虑电力系统运行方式的变化，如系统元件的投入、切除、参数变化、互感线路挂地检修以及它们的各种组合形式等。下面介绍解算伴有拓扑结构与参数变化的大型电力网络的方法[1]。

如图 4-1 所示，若欲向独立节点数为 n 的原网络接入 $m(m \geqslant 1)$ 条链支，其支路阻抗矩阵 Z_c 为 $m \times m$ 方阵。原网络接入 Z_c 后的网络称为新网络。根据欧姆定律可得新网络中的 Z_c 的支路电压 U_c 和支路电流 I_c 之间的关系为

$$U_c = Z_c I_c \tag{4-3}$$

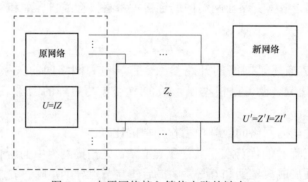

图 4-1　向原网络接入等值支路的链支 Z_c

设在接入 Z_c 之前，原网络的节点阻抗矩阵 Z 为 $n \times n$ 阶矩阵；节点注入电流源为 I，为 $n \times 1$ 阶列矩阵。根据基尔霍夫定律可得原网络的节点电压 U 为

$$U = ZI \tag{4-4}$$

式（4-4）为原网络的节点阻抗矩阵方程。

以下着重讨论利用支路追加法向原网络接入 Z_c 时，如何建立新的节点阻抗矩阵方程，用以反映 Z_c 接入原网络的影响。

根据基尔霍夫第一定律可得新网络的节点等效电流源 I' 为

$$I' = I - A_c I_c \tag{4-5}$$

式中：I' 为新网络的节点电流源；A_c 为网络节点与 Z_c 支路间的关联矩阵，为 $n \times m$ 矩阵。a_{jl} 为 A_c 的元素，其取值为

$$a_{jl} = \begin{cases} 0 & \text{节点 } j \text{ 与支路 } l \text{ 无关联} \\ 1 & \text{节点 } j \text{ 与支路 } l \text{ 有关联，其参考方向背离 } j \text{ 点} \\ -1 & \text{节点 } j \text{ 与支路 } l \text{ 有关联，其参考方向指向 } j \text{ 点} \end{cases}$$

再根据基尔霍夫定律可得新网络的节点电压 U' 为

$$U' = Z(I - A_c I_c) \tag{4-6}$$

将式（4-3）中的 U_c 用节点电压 U 表示，可得

$$A_c^T U = Z_c I_c \tag{4-7}$$

式中：A_c^T 为 A_c 的转置矩阵。

将式（4-6）代入式（4-7），得

$$I_c = (A_c^T Z A_c + Z_c)^{-1} A_c^T Z I \tag{4-8}$$

将 I_c 代入式（4-6），得

$$U' = Z \left[E - A_c (A_c^T Z A_c + Z_c)^{-1} A_c^T Z \right] I \tag{4-9a}$$

式中：E 为单位矩阵。

式（4-9a）便是向原网络接入 Z_c 后所得新网络的节点阻抗矩阵方程的统一计算公式。它既适用于形成网络的节点阻抗方程，也适用于网络拓扑结构与参数发生变化时对原网络节点阻抗方程的修正计算。

将式（4-9a）右端的中括号部分称为修正因子，并用符号 F_M 表示，即

$$F_M = E - A_c (A_c^T Z A_c + Z_c)^{-1} A_c^T Z$$

则式（4-9a）变为如下形式

$$U' = Z F_M I \tag{4-9b}$$

式中：F_M 与 Z 属同阶矩阵。

由式（4-9b）可知，Z_c 对原网络的影响，既可通过修改 Z 来响应，又可以通过修正 I 来响应。

通过修正 Z 来响应时，新网络的节点阻抗阵与节点阻抗方程分别为

$$Z' = Z F_M \tag{4-10a}$$

$$U' = Z'I \tag{4-10b}$$

通过修正 I 来响应时，新网络的等效节点电流源 I' 与节点阻抗矩阵方程分别为

$$I' = F_M I \tag{4-11a}$$

$$U' = Z I' \tag{4-11b}$$

当目的是获得新的 Z'（即修正 Z）时，宜按下式计算

$$Z' = Z - Z A_c (A_c^T Z A_c + Z_c)^{-1} A_c^T Z \tag{4-12}$$

当目的是获取新的 I'（即修正 I）时，宜按下式计算

$$I' = I - A_c (A_c^T Z A_c + Z_c)^{-1} A_c^T Z I \tag{4-13}$$

Z_c 接入原网络后，新的节点阻抗方程既可以仅用 Z 修正，也可仅用 I 修正来建立。这为

实际选择计算方法带来了极大的方便。

修正节点阻抗矩阵 Z 的运算量正比于 n^3，修正节点电流源 I 的计算量正比于 n^2。因此，采用修正节点电流源比修正节点阻抗矩阵的算法能显著减少计算量。

4.3 等值链支支路阻抗矩阵 Z_c 的计算

由 4.2 节可知，该算法的关键问题是如何得出 Z_c，下面根据拓扑结构的不同变化情况介绍等值链支支路阻抗矩阵 Z_c 的计算方法[2]。

（1）接入或断开无互感链支 Z 或完整的互感支路组 Z_M。

当 Z_c 中含有原网络未包括的新节点时，可将这些新节点分别用支路阻抗为 1 的接地树支与之联接，并用 Z 的增广矩阵表示，然后在 Z_c 中对应于这些节点接入支路阻抗为–1 的链支消去其影响。

$$Z_c = \pm Z \tag{4-14a}$$

或

$$Z_c = \pm Z_M \tag{4-14b}$$

（2）接入或断开某互感支路组中一条或多条互感支路。

设某互感支路组的支路阻抗矩阵为 Z_M，从中接入或断开一条或多条互感支路后的支路阻抗矩阵为 Z'_M，可用下述方法求 Z_c。

方法一：支路导纳差值矩阵求逆法。

$$\Delta y = Z'^{-1}_M - Z^{-1}_M$$

则

$$Z_c = \Delta y^{-1} \tag{4-15a}$$

当 Δy 为奇异矩阵时，宜用方法二。

方法二：先断开 Z_M，再接入 Z'_M。

$$Z_c = \begin{bmatrix} -Z_M & 0 \\ 0 & Z'_M \end{bmatrix} \tag{4-15b}$$

（3）互感支路组中出现一条或多条支路挂地检修。

设某互感支路组的支路阻抗矩阵为 Z_M，若将 Z_M 按挂地检修与不挂地检修进行分块，则根据欧姆定律可得 Z_M 的支路电压矩阵方程为

$$\begin{bmatrix} u_{nr} \\ \hline 0 \end{bmatrix} = \begin{bmatrix} Z_{nr-nr} & Z_{nr-Gr} \\ \hline Z_{Gr-nr} & Z_{Gr-Gr} \end{bmatrix} \begin{bmatrix} i_{nr} \\ \hline i_{Gr} \end{bmatrix}$$

由上式可得

$$\begin{aligned} u_{nr} &= \left[Z_{nr-nr} - Z_{nr-Gr} Z^{-1}_{Gr-Gr} Z_{Gr-nr} \right] i_{nr} \\ &= Z'_M i_{nr} \end{aligned} \tag{4-16a}$$

式中：

$$Z'_M = Z_{nr-nr} - Z_{nr-Gr} Z^{-1}_{Gr-Gr} Z_{Gr-nr} \tag{4-16b}$$

Z'_M 即为原互感支路组中出现挂地检修后的等值支路阻抗矩阵。按式（4-15）处理即可得到 Z_c。

4.4　非对称断相故障的模拟

为恢复因非全相断相造成网络拓扑结构的变化，将图 4-2 恒等变形成图 4-3。首先在图 4-2 中的 b 节点加入一个阻抗为-1.0 的支路，然后在 f 和 t 节点间加入两条阻抗分别为 1.0 和-1.0 的并联支路，这两种变换对外界没有影响。

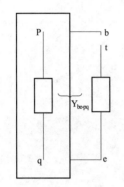
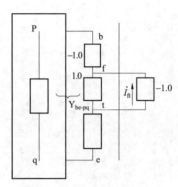

图 4-2　非对称断相故障示意图　　　　图 4-3　变形后的等值网络

由图 4-3 可知，网络将增加 2 个新节点，故新网络的 Z' 将比原网络 Z 增加两行两列。为便于一次算出最终结果，将新增的 2 个节点归属于原网络，Z 增广矩阵如式（4-17a）所示（由节点阻抗矩阵的对称性，只给出下三角元素）。

$$Z = \begin{array}{c} 1 \\ 2 \\ \vdots \\ n \\ f \\ t \end{array} \begin{bmatrix} Z_{11} & & & & & \\ Z_{21} & Z_{22} & & & & \\ \vdots & \vdots & \ddots & & & \\ Z_{n1} & Z_{n2} & \cdots & Z_{nn} & & \\ Z_{f1} & Z_{f2} & \cdots & Z_{fn} & Z_{ff} & \\ Z_{t1} & Z_{t2} & \cdots & Z_{tn} & Z_{tf} & Z_{tt} \end{bmatrix} \qquad (4-17a)$$

为了反映断相故障，向原网络增加新的等值链支为

$$Z_c = [-1.0] \qquad (4-17b)$$

增广矩阵中的新增元素可由原节点阻抗矩阵中的元素求得，本章将进行详细讨论。

4.5　复杂故障的数学模型

复杂故障常使电力系统网络拓扑结构的局部发生不对称变化。为确保在计算中不修改原网络数学模型，将任意复杂故障分解成对原各序网的对称修正与不对称修正的组合，即：首先向原网接入相应的等值链支 Z_c，模拟因断相故障造成网络拓扑结构的变化，然后再接入反映故障特征（故障类型、故障特殊相、故障过渡电阻）的故障类型导纳矩阵 ΔY_b。如图 4-4 所示，以虚线为界，将系统分成三相对称系统和故障不对称系统。

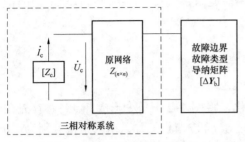

图 4-4　任意复杂故障的模拟

假设网络中发生了 h 重故障 [$h=m+x$: m 重纵向故障，x 重横向故障且其中的 $l(l\leqslant x)$ 重发生在线路内]。为了恢复因断相造成的网络拓扑结构的变化，反映 m 重纵向故障，在 4.4 节非对称断相故障的模拟方法的基础上，对原网络进行变形。这样，发生 m 重纵向故障和 l 重线路内的横向故障，节点阻抗矩阵 Z 将增加 $2m+l$ 行 $2m+l$ 列。即 Z 增广矩阵为

$$\boldsymbol{Z} = \begin{array}{c} 1 \\ 2 \\ \vdots \\ n \\ f_1 \\ t_1 \\ \vdots \\ f_m \\ t_m \\ d_1 \\ \vdots \\ d_l \end{array} \begin{bmatrix} Z_{11} & & & & & & & & & & \\ Z_{21} & Z_{22} & & & & & & & & & \\ \vdots & \vdots & \ddots & & & & & & & & \\ Z_{n1} & Z_{n2} & \cdots & Z_{nn} & & & & & & & \\ Z_{f_1 1} & Z_{f_1 2} & \cdots & Z_{f_1 n} & Z_{f_1 f_1} & & & & & & \\ Z_{t_1 1} & Z_{t_1 2} & \cdots & Z_{t_1 n} & Z_{t_1 f_1} & Z_{t_1 t_1} & & & & & \\ \vdots & \vdots & \vdots & \vdots & \vdots & \vdots & \ddots & & & & \\ Z_{f_m 1} & Z_{f_m 2} & \cdots & Z_{f_m n} & Z_{f_m f_1} & Z_{f_m t_1} & \cdots & Z_{f_m f_m} & & & \\ Z_{t_m 1} & Z_{t_m 2} & \cdots & Z_{t_m n} & Z_{t_m f_1} & Z_{t_m t_1} & \cdots & Z_{t_m f_m} & Z_{t_m t_m} & & \\ Z_{d_1 1} & Z_{d_1 2} & \cdots & Z_{d_1 n} & Z_{d_1 f_1} & Z_{d_1 t_1} & \cdots & Z_{d_1 f_m} & Z_{d_1 t_m} & Z_{d_1 d_1} & \\ \vdots & \vdots & \vdots & \vdots & \vdots & \vdots & & \vdots & \vdots & \vdots & \ddots \\ Z_{d_l 1} & Z_{d_l 2} & \cdots & Z_{d_l n} & Z_{d_l f_1} & Z_{d_l t_1} & \cdots & Z_{d_l f_m} & Z_{d_l t_m} & Z_{d_l d_1} & \cdots & Z_{d_l d_l} \end{bmatrix}$$

要反映 m 重纵向故障，只需向原网络追加新的链支 $\boldsymbol{Z}_c$

$$\boldsymbol{Z}_c = \mathrm{diag}(-1.0 \cdots -1.0)_{mm}$$

$\boldsymbol{Z}_c$ 对原网络的影响可用补偿电流 I_c 来等效，其中

$$I_c = (\dot{I}_{f_1 t_1} \cdots \dot{I}_{f_m t_m})$$

根据欧姆定律，等值链支 $\boldsymbol{Z}_c$ 两端的电压为

$$U_c = -\boldsymbol{Z}_c I_c$$

根据叠加原理

$$U_c = \boldsymbol{A}^{\mathrm{T}} \boldsymbol{Z} [I^{(d)} + \boldsymbol{A} I_c]$$

则

$$I_c = (\bar{I}_{f_1 t_1} \cdots \quad \bar{I}_{f_m t_m}) = -(\boldsymbol{A}^{\mathrm{T}} \boldsymbol{Z} \boldsymbol{A} + \boldsymbol{Z}_c)^{-1} \boldsymbol{A}^{\mathrm{T}} \boldsymbol{Z} I^{(d)} \tag{4-18}$$

式中：$\boldsymbol{A}$ 为网络中的所有节点（原网络节点与新增节点）与 $\boldsymbol{Z}_c$ 的关联矩阵；$\boldsymbol{Z}$ 为增广的节点阻抗矩阵。

下面分类讨论如何计算节点阻抗矩阵 Z 中的新增元素。

4.5.1　与第 i 重纵向故障有关节点阻抗元素的计算

设第 i 重纵向故障断开一侧节点为 b_i，另一侧节点为 e_i，如图 4-5 所示。

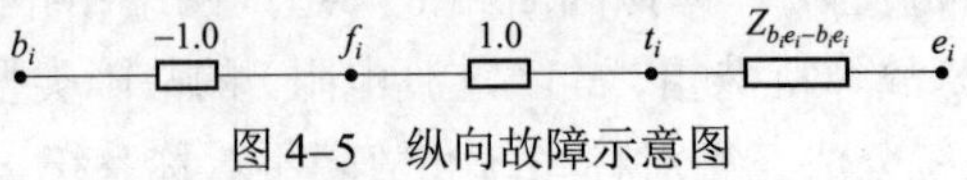

图 4-5　纵向故障示意图

根据节点阻抗参数的物理意义，则有

$$
\left.\begin{aligned}
Z_{f_i k} &= \bar{U}_k^{(f_i)} = \bar{U}_k^{(b_i)} + Y_{b_i e_i - b_i e_i} \bar{U}_{b_i e_i}^{(k)} + Y_{b_i e_i - pq} \bar{U}_{pq}^{(k)} \quad (k=1,2,\cdots,n) \\
Z_{t_i k} &= \bar{U}_k^{(t_i)} = \bar{U}_k^{(b_i)} \quad (k=1,2,\cdots,n) \\
Z_{t_i t_i} &= \bar{U}_{t_i}^{(t_i)} = \bar{U}_{t_i}^{b_i} \\
Z_{t_i f_i} &= \bar{U}_{t_i}^{(f_i)} = \bar{U}_{t_i}^{b_i} + Y_{b_i e_i - b_i e_i} \bar{U}_{t_i e_i}^{(t_i)} + Y_{b_i e_i - pq} \bar{U}_{pq}^{(t_i)} - 1.0 \\
Z_{f_i f_i} &= \bar{U}_{f_i}^{(f_i)} = \bar{U}_{t_i}^{(f_i)} + Y_{b_i e_i - b_i e_i} \bar{U}_{t_i e_i}^{(f_i)} + Y_{b_i e_i - pq} \bar{U}_{pq}^{(f_i)}
\end{aligned}\right\}
\qquad (4\text{-}19)
$$

其中：$i=1,2,\cdots,m$；n 为原网络节点数。

式（4-19）中，未加说明的符号符合如下规定：

（1）$\bar{U}_k^{(b_i)}$ 为在原网络节点 b_i 注入正单位电流时，任意节点 k 的电压，即 $\bar{U}_k^{(b_i)}$ 等于原网络节点阻抗矩阵中第 b_i 行第 k 列元素；

（2）$\bar{U}_k^{(b_i e_i)} = \bar{U}_k^{(b_i)} - \bar{U}_k^{(e_i)}$；

（3）$\bar{U}_{pq}^{(b_i e_i)} = \bar{U}_p^{(b_i e_i)} - \bar{U}_q^{(b_i e_i)}$；

（4）$Z_{b_i e_i - b_i e_i}$ 为任意支路 $b_i - e_i$ 的支路阻抗；

（5）$Y_{b_i e_i - b_i e_i}$、$Y_{b_i e_i - pq}$ 为支路导纳矩阵中任意支路 $b_i - e_i$ 的自导纳和与互感支路组 $p - q$ 的互导纳矩阵。

4.5.2 与第 i 重横向故障有关的节点阻抗元素的计算

设距故障点为 l_i 的一侧节点为 b_i，另一侧节点为 e_i，如图 4-6 所示。

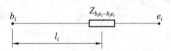

图 4-6 横向故障示意图

则

$$
\left.\begin{aligned}
Z_{d_i k} &= \bar{U}_k^{(d_i)} = l_i \bar{U}_{e_i}^{(k)} + (1-l_i) \bar{U}_{b_i}^{(k)} \quad (k=1,2,\cdots,n) \\
Z_{d_i d_i} &= \bar{U}_{d_i}^{(d_i)} = l_i \bar{U}_{e_i}^{(k)} + (1-l_i) \bar{U}_{b_i}^{(k)} + l_i(1-l_i) Z_{b_i e_i - b_i e_i}
\end{aligned}\right\}
\qquad (4\text{-}20)
$$

其中：$i=1,2,\cdots,l$；n 为原网络节点数。

4.5.3 不同故障之间节点的互阻抗元素的计算

这类节点元素不但与故障类型有关，还与各故障的具体位置有关，分析如下：

（1）第 u 重和第 s 重均为纵向故障。其中：$u=1,2,\cdots,m$；$s=1,2,\cdots,m$ 且 $u \neq s$。

1）若这两重故障发生在同一线路上，如图 4-7 所示。

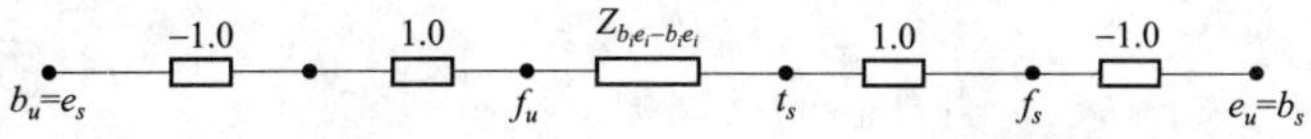

图 4-7 同一线路发生两重纵向故障示意图

则

$$\left.\begin{aligned}
Z_{f_u t_s} &= \bar{U}_{f_u}^{(t_s)} = \bar{U}_{f_u}^{(b_s)} \\
Z_{f_u f_s} &= \bar{U}_{f_u}^{(f_s)} = \bar{U}_{b_u f_u}^{(f_s)} - \bar{U}_{b_u f_u}^{(f_s)} = \bar{U}_{b_u}^{(f_s)} + \bar{I}_{b_u f_u}^{(f_s)} = \bar{U}_{b_u}^{(f_s)} + \bar{I}_{b_u t_s}^{(f_s)} \\
&= \bar{U}_{b_u}^{(f_s)} + Y_{b_u e_u - b_u e_u} \bar{U}_{b_u t_s}^{(f_s)} + Y_{b_u e_u - pq} \bar{U}_{pq}^{(f_s)} \\
Z_{t_u t_s} &= \bar{U}_{t_u}^{(t_s)} = \bar{U}_{t_u}^{(b_s)} \\
Z_{t_u f_s} &= \bar{U}_{f_s}^{(t_u)} = \bar{U}_{f_s}^{(b_u)}
\end{aligned}\right\} \tag{4-21}$$

2）若这两重故障发生在不同线路上，但两者在同一互感组。$Z_{f_u t_s}$、$Z_{t_u t_s}$ 和 $Z_{t_u f_s}$ 与 1）中求取结果相同，关键是求取 $\boldsymbol{Z}_{f_u f_s}$。

若 b_u 和 b_s 是同名端，如图 4-8 所示。

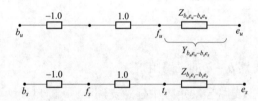

图 4-8　同名端断相的两重纵向故障示意图

则

$$\begin{aligned}
\boldsymbol{Z}_{f_u f_s} &= \bar{U}_{f_u}^{(f_s)} = \bar{U}_{b_u}^{(f_s)} + \bar{I}_{b_u f_u}^{(f_s)} = \bar{U}_{b_u}^{(f_s)} + \bar{I}_{b_u e_u}^{(f_s)} \\
&= \bar{U}_{b_u}^{(f_s)} + Y_{b_u e_u - b_u e_u} \bar{U}_{b_u e_u}^{(f_s)} + \sum_{i=1 \text{且} p_i \neq b_s}^{num} Y_{b_u e_u - p_i q_i} \bar{U}_{p_i q_i}^{(f_s)} + Y_{b_u e_u - b_s e_s} \bar{U}_{t_s e_s}^{(f_s)}
\end{aligned} \tag{4-22}$$

其中：num 为与支路 $b_u - e_u$ 有互感的支路数。

若 b_u 和 b_s 是异名端，如图 4-9 所示。

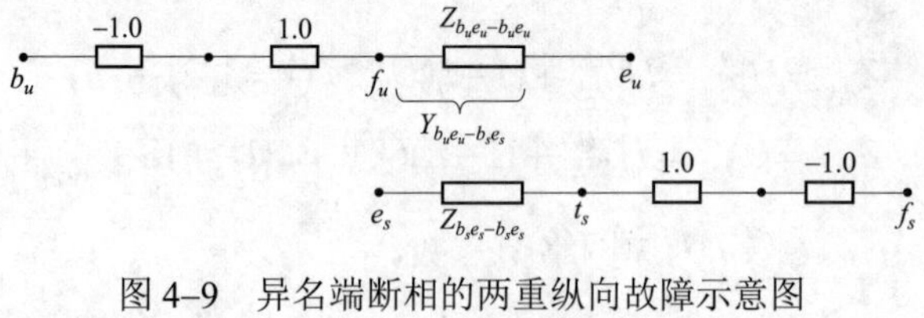

图 4-9　异名端断相的两重纵向故障示意图

则

$$\begin{aligned}
\boldsymbol{Z}_{f_u f_s} &= \bar{U}_{f_u}^{(f_s)} = \bar{U}_{b_u}^{(f_s)} + \bar{I}_{b_u f_u}^{(f_s)} = \bar{U}_{b_u}^{(f_s)} + \bar{I}_{b_u e_u}^{(f_s)} \\
&= \bar{U}_{b_u}^{(f_s)} + Y_{b_u e_u - b_u e_u} \bar{U}_{b_u e_u}^{(f_s)} + \sum_{i=1 \text{且} p_i \neq e_s}^{num} Y_{b_u e_u - p_i q_i} \bar{U}_{p_i q_i}^{(f_s)} + Y_{b_u e_u - e_s b_s} \bar{U}_{e_s t_s}^{(f_s)}
\end{aligned} \tag{4-23}$$

其中：num 为与支路 $b_u - e_u$ 有互感的支路数。

3）若这两重故障发生在不同线路上，且两者不在同一互感组，则如图 4-10 所示。

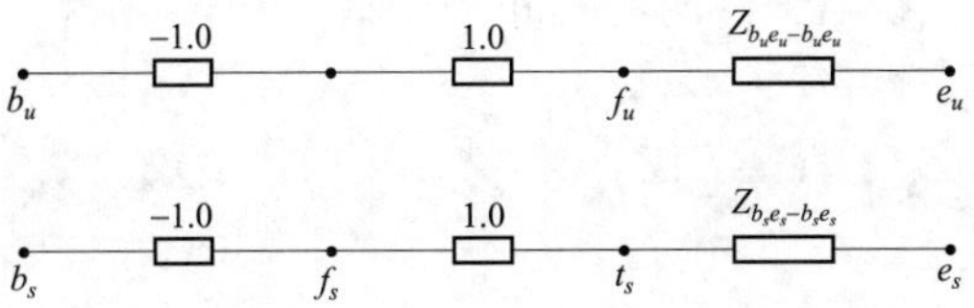

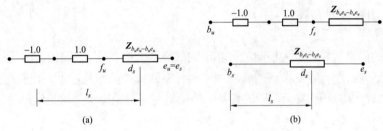

图 4-10　不同互感线路上的两重纵向故障示意图

$Z_{f_u t_s}$、$Z_{t_u t_s}$ 和 $Z_{t_u f_s}$ 与 1）求取结果相同，关键也是求取 $Z_{f_u f_s}$。

$$\begin{aligned}
\boldsymbol{Z}_{f_u f_s} &= \bar{U}_{f_u}^{(f_s)} = \bar{U}_{b_u}^{(f_s)} - \bar{U}_{b_u f_u}^{(f_s)} = \bar{U}_{b_u}^{(f_s)} + \bar{I}_{b_u f_u}^{(f_s)} = \bar{U}_{b_u}^{(f_s)} + \bar{I}_{b_u e_u}^{(f_s)} \\
&= \bar{U}_{b_u}^{(f_s)} + \boldsymbol{Y}_{b_u e_u - b_u e_u} \bar{U}_{b_u e_u}^{(f_s)} + \boldsymbol{Y}_{b_u e_u - pq} \bar{U}_{pq}^{(f_s)}
\end{aligned} \tag{4-24}$$

（2）第 u 重为纵向故障，第 s 重为横向故障，如图 4-11 所示。其中：$u = 1, 2, \cdots, m$；$s = 1, 2, \cdots, l$。

图 4-11　一重纵向故障一重横向故障示意

（a）发生在同一线路上；（b）发生在不同线路上

1）若这两重故障发生在同一线路上，如图 4-11（a）所示。

则

$$\left.\begin{aligned}
\boldsymbol{Z}_{f_u d_s} &= \bar{U}_{d_s}^{(f_u)} = l_s \bar{U}_{e_u}^{(f_u)} + (1 - l_s) \bar{U}_{t_u}^{(f_u)} \\
\boldsymbol{Z}_{t_u d_s} &= \bar{U}_{d_s}^{(t_u)} = l_s \bar{U}_{e_u}^{(t_u)} + (1 - l_s) \bar{U}_{t_u}^{(t_u)}
\end{aligned}\right\} \tag{4-25}$$

2）若这两重故障发生在不同线路上，如图 4-11（b）所示。

则

$$\left.\begin{aligned}
\boldsymbol{Z}_{f_u d_s} &= \bar{U}_{d_s}^{(f_u)} = l_s \bar{U}_{e_s}^{(f_u)} + (1 - l_s) \bar{U}_{b_s}^{(f_u)} \\
\boldsymbol{Z}_{t_u d_s} &= \bar{U}_{d_s}^{(t_u)} = l_s \bar{U}_{e_s}^{(t_u)} + (1 - l_s) \bar{U}_{b_s}^{(t_u)}
\end{aligned}\right\} \tag{4-26}$$

（3）第 u 重为横向故障，第 s 重为纵向故障。

此种情况与（2）同理可得。

（4）第 u 重和第 s 重均为横向故障。其中：$u = 1, 2, \cdots, l$；$s = 1, 2, \cdots, l$ 且 $u \neq s$。详细推导过程见参考文献［3］，现直接引用如下：

1）两故障发生在同一线路上。

$l_s \geq l_u$：

$$\boldsymbol{Z}_{d_u d_s} = (1 - l_s) \boldsymbol{Z}_{d_u b_s} + l_s \boldsymbol{Z}_{d_u e_s} + l_u (1 - l_s) \boldsymbol{Z}_{b_u e_u - b_u e_u}$$

$l_s < l_u$：

$$\boldsymbol{Z}_{d_u d_s} = (1 - l_s) \boldsymbol{Z}_{d_u b_s} + l_s \boldsymbol{Z}_{d_u e_s} + l_s (1 - l_u) \boldsymbol{Z}_{b_u e_u - b_u e_u}$$

2）两故障发生在不同线路上，两者之间有互感。

$l_s \geq l_u$：

$$\boldsymbol{Z}_{d_u d_s} = (1-l_s)\boldsymbol{Z}_{d_u b_s} + l_s \boldsymbol{Z}_{d_u e_s} + l_u(1-l_s)\boldsymbol{Z}_{b_u e_u - b_s e_s}$$

$l_s < l_u$：

$$\boldsymbol{Z}_{d_u d_s} = (1-l_s)\boldsymbol{Z}_{d_u b_s} + l_s \boldsymbol{Z}_{d_u e_s} + l_s(1-l_u)\boldsymbol{Z}_{b_u e_u - b_s e_s}$$

3）除1）、2）外，两故障均在线路内。

$$\boldsymbol{Z}_{d_u d_s} = (1-l_s)\boldsymbol{Z}_{d_u b_s} + l_s \boldsymbol{Z}_{d_u e_s}$$

综上所述，根据不同的故障类型和故障位置讨论了不用修改原网络模型的新的节点阻抗阵的形成方法，得到了计算复杂故障的电力网络的数学模型。下面将分别针对故障边界条件和三相对称系统进行研究，得到复杂故障的求解方法。

4.6　故障边界条件方程

电力系统的简单故障可分为横向故障和纵向故障两大类。除了考虑由这两种故障组合而成的复杂故障计算外，还有必要考虑随着电网中同杆多回线（两回及以上）日益增多而可能发生的包括跨线故障在内的任意复杂故障的计算。下面针对不同故障类型讨论边界条件方程。

4.6.1　简单故障边界条件方程

简单故障边界条件示意图如图 4-12 所示。为避免因过渡电阻为零时，边界节点导纳矩阵中出现无穷大元素，引入附加阻抗 $\boldsymbol{Z}_s$。图中，$\boldsymbol{Z}_a$、$\boldsymbol{Z}_b$、$\boldsymbol{Z}_c$ 和 $\boldsymbol{Z}_g$ 分别为过渡电阻和接地电阻；$\dot{U}_a$、$\dot{U}_b$、$\dot{U}_c$ 为故障端口电压，$\dot{I}_a$、$\dot{I}_b$、$\dot{I}_c$ 为端口电流，参考方向如图 4-12 所示。将 $-\boldsymbol{Z}_s$ 支路并入故障前端口网络，将 $\boldsymbol{Z}_s$ 支路与相过渡电阻和接地电阻一起组成故障电阻。下面按接地电阻 $\boldsymbol{Z}_g$ 的取值以及故障类型分析故障边界条件。

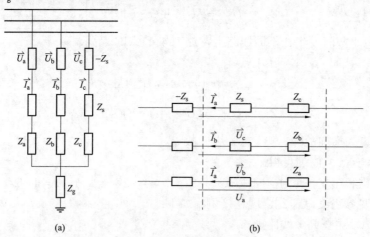

图 4-12　简单故障示意图

（a）横向故障；（b）纵向故障

1. $\boldsymbol{Z}_g \neq 0$（包括 $\boldsymbol{Z}_g$ 为无穷大）的横向故障

对于 $\boldsymbol{Z}_g \neq 0$ 的横向故障，由相节点导纳矩阵方程可得

$$\begin{bmatrix} \vec{I}_a \\ \vec{I}_b \\ \vec{I}_c \\ \vec{I}_g \end{bmatrix} = - \begin{bmatrix} \dfrac{1}{Z_s + Z_a} & 0 & 0 & -\dfrac{1}{Z_s + Z_a} \\ 0 & \dfrac{1}{Z_s + Z_b} & 0 & -\dfrac{1}{Z_s + Z_b} \\ 0 & 0 & \dfrac{1}{Z_s + Z_c} & -\dfrac{1}{Z_s + Z_c} \\ -\dfrac{1}{Z_s + Z_a} & -\dfrac{1}{Z_s + Z_b} & -\dfrac{1}{Z_s + Z_c} & \dfrac{1}{Z_\Sigma} \end{bmatrix} \begin{bmatrix} \vec{U}_a \\ \vec{U}_b \\ \vec{U}_c \\ \vec{U}_g \end{bmatrix}$$

式中：

$$\frac{1}{Z_\Sigma} = \frac{1}{Z_g} + \frac{1}{Z_s + Z_a} + \frac{1}{Z_s + Z_b} + \frac{1}{Z_s + Z_c}$$

消去无源节点 G，得

$$\begin{bmatrix} \vec{I}_a \\ \vec{I}_b \\ \vec{I}_c \end{bmatrix} = -Z_\Sigma \begin{bmatrix} \dfrac{1}{Z_s + Z_a} \times \left(\dfrac{1}{Z_\Sigma} - \dfrac{1}{Z_s + Z_a} \right) & -\dfrac{1}{Z_s + Z_a} \times \dfrac{1}{Z_s + Z_b} & -\dfrac{1}{Z_s + Z_a} \times \dfrac{1}{Z_s + Z_c} \\ -\dfrac{1}{Z_s + Z_b} \times \dfrac{1}{Z_s + Z_a} & \dfrac{1}{Z_s + Z_b} \times \left(\dfrac{1}{Z_\Sigma} - \dfrac{1}{Z_s + Z_b} \right) & -\dfrac{1}{Z_s + Z_b} \times \dfrac{1}{Z_s + Z_c} \\ -\dfrac{1}{Z_s + Z_c} \times \dfrac{1}{Z_s + Z_a} & -\dfrac{1}{Z_s + Z_c} \times \dfrac{1}{Z_s + Z_b} & \dfrac{1}{Z_s + Z_c} \times \left(\dfrac{1}{Z_\Sigma} - \dfrac{1}{Z_s + Z_c} \right) \end{bmatrix} \begin{bmatrix} \vec{U}_a \\ \vec{U}_b \\ \vec{U}_c \end{bmatrix}$$

2. 纵向故障和 $Z_g = 0$ 的横向故障

对于纵向故障以及 $Z_g = 0$ 的横向故障，同样由相节点导纳方程求得

$$\begin{bmatrix} \vec{I}_a \\ \vec{I}_b \\ \vec{I}_c \end{bmatrix} = - \begin{bmatrix} \dfrac{1}{Z_s + Z_a} & & \\ & \dfrac{1}{Z_s + Z_b} & \\ & & \dfrac{1}{Z_s + Z_c} \end{bmatrix} \begin{bmatrix} \vec{U}_a \\ \vec{U}_b \\ \vec{U}_c \end{bmatrix}$$

将第一种、第二种情形的相节点导纳方程记为

$$I_{(3)abc} = -\Delta Y_{(3 \times 3)abc} U_{(3)abc} \tag{4-27}$$

式中：$\Delta Y_{(3 \times 3)abc}$ 的取值根据情况第一种、第二种情形决定。

例如：对过渡电阻相等的三相不接地故障，此时 $Z_g = \infty$，设 $Z_a = Z_b = Z_c = Z_F$，有

$\Delta Y_{(3 \times 3)abc} = \dfrac{1}{3(Z_s + Z_F)} \begin{bmatrix} 2 & -1 & -1 \\ -1 & 2 & -1 \\ -1 & -1 & 2 \end{bmatrix}$，这是一个奇异矩阵；对于非接地故障，故障相和地之间

无电流通路，节点电压不定，故障类型阻抗矩阵 $\Delta Z_{(3 \times 3)abc} = [\Delta Y_{(3 \times 3)abc}]^{-1}$ 无定义，但可以写出导纳 $\Delta Y_{(3 \times 3)abc}$。因此，为保证电路参数有定义的同时保持电路模型的通用性，故障电路模型

用导纳参数矩阵表示。

令 $\boldsymbol{T} = \dfrac{1}{3}\begin{bmatrix} 1 & 1 & 1 \\ 1 & \alpha & \alpha^2 \\ 1 & \alpha^2 & \alpha \end{bmatrix}$、$\boldsymbol{T}^{-1} = \begin{bmatrix} 1 & 1 & 1 \\ 1 & \alpha^2 & \alpha \\ 1 & \alpha & \alpha^2 \end{bmatrix}$，对式（4–28）做如下变化：

$$\boldsymbol{T}I_{(3)abc}\boldsymbol{T}^{-1} = -\boldsymbol{T}\Delta\boldsymbol{Y}_{(3\times3)abc}U_{(3)abc}\boldsymbol{T}^{-1} = -\boldsymbol{T}\Delta\boldsymbol{Y}_{(3\times3)abc}(\boldsymbol{T}^{-1}\boldsymbol{T})U_{(3)abc}\boldsymbol{T}^{-1}$$

$$= -(\boldsymbol{T}\Delta\boldsymbol{Y}_{(3\times3)abc}\boldsymbol{T}^{-1})(\boldsymbol{T}U_{(3)abc}\boldsymbol{T}^{-1})$$

即转换为序分量

$$I_{(3)012} = -\Delta\boldsymbol{Y}_{(3\times3)012}U_{(3)012} \tag{4–28}$$

式中：$\Delta\boldsymbol{Y}_{(3\times3)012}$ 为故障类型序导纳矩阵，$\Delta\boldsymbol{Y}_{(3\times3)012} = \boldsymbol{T}\Delta\boldsymbol{Y}_{(3\times3)abc}\boldsymbol{T}^{-1}$；$I_{(3)012}$ 为故障口序电流；$U_{(3)012}$ 为故障口序电压。

可见，只要简单地将故障分为上述两类，即可根据各个故障电阻 Z_a、Z_b、Z_c 及 Z_g 的值，简便求解故障类型导纳矩阵 $\Delta\boldsymbol{Y}_{(3\times3)abc}$，进而求得其序分量 $\Delta\boldsymbol{Y}_{(3\times3)012}$。该方法解决了任意过渡电阻的故障计算问题，拓宽了故障计算的范围，省去了程序实现中根据故障类型存储、检索故障类型导纳矩阵[3]的步骤，从而简化了编程。而且，由于引入附加阻抗 Z_s，即使出现过渡电阻为零的情况，$\Delta\boldsymbol{Y}_{(3\times3)abc}$ 中也不会出现无穷大的元素，如

当 $Z_a = 0$ 时，$\dfrac{1}{Z_s + Z_a} \neq \infty$；当 $Z_a = \infty$ 时，$\dfrac{1}{Z_s + Z_a} = 0$。

4.6.2 跨线故障边界条件方程

4.6.2.1 跨线故障特点

图 4–13 为同杆两回线跨线故障边界条件示意图。其中，Z_{a1}、Z_{b1}、Z_{c1} 和 Z_{a2}、Z_{b2}、Z_{c2} 分别为故障点 F_1、F_2 处的过渡电阻，Z_g 为接地电阻；与一般简单故障处理方法相同，串入附加阻抗 Z_s 和 $-Z_s$，防止因过渡电阻为 0 时节点导纳矩阵中出现无穷大元素。

故障类型有以下几种：

（1）两回线均为单相接地故障。表示为 $A_1 - B_2 - G$，$A_1 - C_2 - G$ 等。

（2）两回线均为两相接地短路故障。表示为 $B_1C_1 - B_2C_2 - G$，$B_1C_1 - C_2A_2 - G$ 等。

（3）Ⅰ回线为单相接地，Ⅱ回线为两相接地短路。表示为 $A_1 - B_2C_2 - G$。

（4）Ⅰ回线为不对称故障，Ⅱ回线为对称故障。表示为 $A_1 - A_2B_2C_2 - G$。

以上为跨线接地故障，即 $Z_g \neq \infty$。当 $Z_g = \infty$，即 $G' - G$ 支路断开时，就成了跨线不接地故障，同理分析其故障类型。可以看出，跨线故障有以下特点：

（1）各相过渡电阻 Z_{a1}、Z_{b1}、Z_{c1} 和 Z_{a2}、Z_{b2}、Z_{c2}

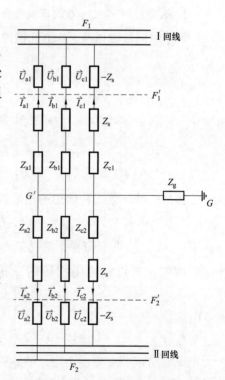

图 4–13 跨线故障边界条件

接地电阻 Z_g 取值任意。

（2）当 $Z_g \neq 0$ 时（包括 $Z_g = \infty$），$F_1 - G$ 和 $F_2 - G$ 两故障口边界条件不独立。

下面将分析如何解决这些问题。

4.6.2.2 边界条件方程

对于 $Z_g = 0$ 的跨线故障，故障边界条件独立，相当于两重横向故障的叠加，可以用处理一般简单故障的方法得到故障边界条件方程，在 4.6.1 节中已介绍过。下面主要针对 $Z_g \neq 0$（包括 Z_g 为无穷大）时，分析以 $F_1' - G$、$F_2' - G$ 为故障端口的边界条件方程。根据 $Z_g \neq 0$，由相节点导纳方程，有

$$
\begin{bmatrix} \bar{I}_{a1} \\ \bar{I}_{b1} \\ \bar{I}_{c1} \\ \bar{I}_{a2} \\ \bar{I}_{b2} \\ \bar{I}_{c2} \\ \bar{I}_{g'} \end{bmatrix} = - \left[\begin{array}{cccccc|c} \dfrac{1}{Z_s + Z_{a1}} & & & & & & -\dfrac{1}{Z_s + Z_{a1}} \\ & \dfrac{1}{Z_s + Z_{b1}} & & & & & -\dfrac{1}{Z_s + Z_{b1}} \\ & & \dfrac{1}{Z_s + Z_{c1}} & & & & -\dfrac{1}{Z_s + Z_{c1}} \\ & & & \dfrac{1}{Z_s + Z_{a2}} & & & -\dfrac{1}{Z_s + Z_{a2}} \\ & & & & \dfrac{1}{Z_s + Z_{b2}} & & -\dfrac{1}{Z_s + Z_{b2}} \\ & & & & & \dfrac{1}{Z_s + Z_{c2}} & -\dfrac{1}{Z_s + Z_{c2}} \\ \hline -\dfrac{1}{Z_s + Z_{a1}} & -\dfrac{1}{Z_s + Z_{b1}} & -\dfrac{1}{Z_s + Z_{c1}} & -\dfrac{1}{Z_s + Z_{a2}} & -\dfrac{1}{Z_s + Z_{b2}} & -\dfrac{1}{Z_s + Z_{c2}} & \dfrac{1}{Z_g} + \dfrac{1}{Z_\Sigma} \end{array} \right] \begin{bmatrix} \bar{U}_{a1} \\ \bar{U}_{b1} \\ \bar{U}_{c1} \\ \bar{U}_{a2} \\ \bar{U}_{b2} \\ \bar{U}_{c2} \\ \bar{U}_{g'} \end{bmatrix}
$$

其中，$\dfrac{1}{Z_\Sigma} = \dfrac{1}{Z_s + Z_{a1}} + \dfrac{1}{Z_s + Z_{b1}} + \cdots + \dfrac{1}{Z_s + Z_{c2}}$。

按矩阵中的虚线分块，有

$$
\begin{bmatrix} I_{abc(6)} \\ \hline I_{1(1)} \end{bmatrix} = - \left[\begin{array}{c|c} \Delta \boldsymbol{Y}_{1(6\times6)} & \Delta \boldsymbol{Y}_{2(6\times1)} \\ \hline \Delta \boldsymbol{Y}_{2(1\times6)}^{\mathrm{T}} & \Delta \boldsymbol{Y}_{3(1\times1)} \end{array} \right] \begin{bmatrix} U_{abc(6)} \\ \hline U_{1(1)} \end{bmatrix}
$$

由于 G' 为无源节点，将其消去，得

$$
I_{(6)abc} = -\Delta \boldsymbol{Y}_{(6\times6)abc} U_{(6)abc} \tag{4-29}
$$

式中，$\Delta \boldsymbol{Y}_{abc(6\times6)} = \Delta \boldsymbol{Y}_{1(6\times6)} - \Delta \boldsymbol{Y}_{2(6\times1)} \Delta \boldsymbol{Y}_{3(1\times1)}^{-1} \Delta \boldsymbol{Y}_{2(1\times6)}^{\mathrm{T}}$

令 $\boldsymbol{S} = \begin{bmatrix} T & 0 \\ 0 & T \end{bmatrix}$，$\boldsymbol{T} = \dfrac{1}{3}\begin{bmatrix} 1 & 1 & 1 \\ 1 & \alpha & \alpha^2 \\ 1 & \alpha^2 & \alpha \end{bmatrix}$，则对式（4-29）变形，有

$$
\boldsymbol{S} I_{(6)abc} \boldsymbol{S}^{-1} = -\boldsymbol{S} \Delta \boldsymbol{Y}_{(6\times6)abc} \boldsymbol{S}^{-1} \boldsymbol{S} U_{(6)abc} \boldsymbol{S}^{-1}
$$

即转换为序分量

$$
I_{(6)012} = -\Delta \boldsymbol{Y}_{(6\times6)012} U_{(6)012} \tag{4-30}
$$

式中 $\Delta \boldsymbol{Y}_{(6\times 6)012}$ 为跨线故障类型序导纳矩阵，$\Delta \boldsymbol{Y}_{(6\times 6)012}=\boldsymbol{S}\Delta \boldsymbol{Y}_{(6\times 6)abc}\boldsymbol{S}^{-1}$；$I_{(6)012}$ 为故障口序电流，$I_{(6)012}=\boldsymbol{S}I_{(6)abc}\boldsymbol{S}^{-1}$；$U_{(6)012}$ 为故障口序电压，$U_{(6)012}=\boldsymbol{S}U_{(6)abc}\boldsymbol{S}^{-1}$。

4.6.3 多重故障边界条件方程

对于一般由横向故障、纵向故障组合而成的复杂故障，如 h 重故障，其边界条件方程可根据式（4–28）得出

$$
\begin{bmatrix} \vec{I}_{(1)0} \\ \vdots \\ \vec{I}_{(h)0} \\ \hline \vec{I}_{(1)1} \\ \vdots \\ \vec{I}_{(h)1} \\ \hline \vec{I}_{(1)2} \\ \vdots \\ \vec{I}_{(h)2} \end{bmatrix} = -\begin{bmatrix} Y_{11(1)0} & & Y_{12(1)0} & & Y_{13(1)0} & \\ & \ddots & & \ddots & & \ddots \\ & Y_{11(h)0} & & Y_{12(h)0} & & Y_{13(h)0} \\ \hline Y_{21(1)1} & & Y_{22(1)1} & & Y_{23(1)1} & \\ & \ddots & & \ddots & & \ddots \\ & Y_{21(h)1} & & Y_{22(h)1} & & Y_{23(h)1} \\ \hline Y_{31(1)2} & & Y_{32(1)2} & & Y_{33(1)2} & \\ & \ddots & & \ddots & & \ddots \\ & Y_{31(h)2} & & Y_{32(h)2} & & Y_{33(h)2} \end{bmatrix} \begin{bmatrix} \vec{U}_{(1)0} \\ \vdots \\ \vec{U}_{(h)0} \\ \hline \vec{U}_{(1)1} \\ \vdots \\ \vec{U}_{(h)1} \\ \hline \vec{U}_{(1)2} \\ \vdots \\ \vec{U}_{(h)2} \end{bmatrix}
$$

简记为

$$
I_{(3h)012} = -\Delta \boldsymbol{Y}_{(3h\times 3h)012}U_{(3h)012} \tag{4-31}
$$

对于包括跨线故障的复杂故障，根据式（4–30）做相应的变化即可求解。

4.7 多端口序网方程

将图 4–4 虚线框里三相对称网络分解为三序网络，设系统发生 h 重故障，根据广义戴维南定理[4]，将其简化为图 4–14 所示的模型。

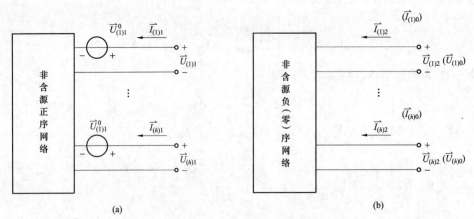

图 4–14 广义戴维南等效电路

（a）非含源正序网络；（b）非含源负（零）序网络

图中 $\vec{U}_{(i)r}$、$\vec{I}_{(i)r}$（$i=1,2,\cdots,h$，$r=0,1,2$）分别为第 i 口的 r 序电压和 r 序电流；

$\bar{U}^0_{(i)1}$ $(i=1, 2, \cdots, h)$ 为第 i 口的正序开路电压。

将图 4–14（a）的含源多口网络用 Z 参数方程描述：

$$U_{(h)1} = \mathbf{Z}^0_{(h \times h)1}I_{(h)1} + \mathbf{U}^0_{(h)1} \tag{4-32}$$

同理，图 4–14（b）的无源网络可描述为

$$U_{(h)2} = \mathbf{Z}^0_{(h \times h)2}I_{(h)2} \tag{4-33}$$

$$U_{(h)0} = \mathbf{Z}^0_{(h \times h)0}I_{(h)0} \tag{4-34}$$

其中，$\mathbf{Z}^0_{(h \times h)1}$、$\mathbf{Z}^0_{(h \times h)2}$、$\mathbf{Z}^0_{(h \times h)0}$ 为计及附加阻抗 $-Z_s$ 后对称网络的序端口阻抗矩阵；$\mathbf{U}^0_{(h)1}$ 为计及 $-Z_s$ 后对称网络的正序开路电压矩阵。

将式（4–24）~式（4–26）合并为一个方程组：

$$\begin{bmatrix} U_{(h)0} \\ U_{(h)1} \\ U_{(h)2} \end{bmatrix} = \begin{bmatrix} \mathbf{Z}^0_{(h \times h)0} & & \\ & \mathbf{Z}^0_{(h \times h)1} & \\ & & \mathbf{Z}^0_{(h \times h)2} \end{bmatrix} \begin{bmatrix} I_{(h)0} \\ I_{(h)1} \\ I_{(h)2} \end{bmatrix} + \begin{bmatrix} 0 \\ U^0_{(h)1} \\ 0 \end{bmatrix}$$

简记为

$$U_{(3h)012} = \mathbf{Z}^0_{(3h \times 3h)012}I_{(3h)012} + U^0_{(3h)012} \tag{4-35}$$

4.8　故障口电流的计算

将故障边界条件方程式（4–31）代入序网口网络方程式（4–35），即可求出故障口电流，结果如下：

$$I_{(3h)012} = -[e + \Delta Y_{(3h \times 3h)012}\mathbf{Z}^0_{(3h \times 3h)012}]^{-1}\Delta Y_{(3h \times 3h)012}U^0_{(3h)012} \tag{4-36}$$

其中，e 为单位矩阵。

式（4–36）表明：利用该式即可直接计算出正、负、零序故障口电流。

可以看出，该方法关键是形成矩阵 $\Delta Y_{(3h \times 3h)012}$、$U^0_{(3h)012}$ 及 $\mathbf{Z}^0_{(3h \times 3h)012}$。$\Delta Y_{(3h \times 3h)012}$ 的形成方法已在 4.6 节中详细介绍，而 $\mathbf{Z}^0_{(h \times h)r}$ $(r = 0, 1, 2)$的各元素由故障前各序节点阻抗矩阵及故障类型决定，$U^0_{(h)1}$ 的各元素为故障前端口的开路电压。

下面就详细介绍 $Z^0_{(h \times h)r}$ $(r = 0, 1, 2)$ 和 $U^0_{(h)1}$ 的计算。

4.8.1　$\mathbf{Z}^0_{(h \times h)r}$ $(r = 0, 1, 2)$的计算

假设系统发生 m 重纵向故障，其边界节点为 b_i、t_i（$i = 1, 2, \cdots, m$），分别表示线路的断开侧节点和由于断相新增节点，又发生 x 重横向故障（对于跨线故障，相当于两重横向故障，且其中 $l \leqslant x$ 重故障在线路内），其边界节点为 d_i（$i = 1, 2, \cdots, x$）。根据端口阻抗参数的物理意义，可做出计算端口阻抗的等值电路如图 4–15 所示。图中，Z_c 为模拟纵向故障引起网络拓扑结构变化的等值链支。

故障端口阻抗阵 $\mathbf{Z}^0_{(h \times h)r}$ 的各元素由故障前各序节点阻抗矩阵 $\mathbf{Z}_{(r)}$（为了简便起见，在下面的公式推导中，不再记出下标）及故障类型决定。其中故障类型：横向故障，故障端口 $d-0$；纵向故障，故障端口 $b-t$。

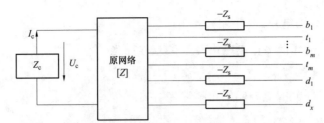

图 4-15 计算端口阻抗等值电路

4.8.1.1 $Z^0_{(h \times h)(r)}$ 对角元素计算

对于第 i 重故障,根据端口阻抗参数的物理意义,有

纵向故障:

$$Z^0_{(i,i)(r)} = \overline{U}^{(b_i t_i)'}_{b_i t_i} = \overline{U}^{(b_i t_i)}_{b_i t_i} + U_{b_i t_i} I^{(f_i t_i)}_c - Z_s$$

$$U_{b_i t_i(r)} = \left[\overline{U}^{(f_1 t_1)}_{b_i t_i} \quad \cdots \quad \overline{U}^{(f_i t_i)}_{b_i t_i} \quad \cdots \quad \overline{U}^{(f_m t_m)}_{b_i t_i} \right]$$

I_c 根据式(3-1)计算。此时

$$I^{(d)} = \left[0 \quad \cdots \quad 0 \quad \overset{b_i}{1} \quad 0 \quad \cdots \quad 0 \quad \overset{t_i}{-1} \quad 0 \quad \cdots \quad 0 \right]^T_{(n+2m+l) \times 1}$$

横向故障:

$$Z^0_{(i,i)(r)} = \overline{U}^{(d_i)'}_{d_i} = \overline{U}^{(d_i)}_{d_i} + U_{d_i} I^{(d_i)}_c - Z_s$$

此时

$$I^{(d)} = \left[0 \quad \cdots \quad 0 \quad \overset{d_i}{1} \quad 0 \quad \cdots \quad 0 \right]^T_{(n+2m+l) \times 1}$$

$$U_{d_i} = \left[\overline{U}^{(f_1 t_1)}_{d_i} \quad \cdots \quad \overline{U}^{(f_i t_i)}_{d_i} \quad \cdots \quad \overline{U}^{(f_m t_m)}_{d_i} \right]$$

4.8.1.2 $Z^0_{(h \times h)(r)}$ 非对角元素计算

(1)第 i、j 重故障均为纵向故障,故障端口为 $b_i - t_i$,$b_j - t_j$。

$$Z^0_{(i,j)(r)} = \overline{U}^{(b_i t_i)'}_{b_j t_j} = \overline{U}^{(b_i t_i)}_{b_j t_j} + U_{b_j t_j} I^{(b_i t_i)}_c = \overline{I}^{(b_i t_i)}_{f_j t_j}$$

(2)第 i、j 重故障均为横向故障,故障端口为 $d_i - 0$,$d_j - 0$。

$$Z^0_{(i,j)(r)} = \overline{U}^{(d_i)'}_{d_j} = \overline{U}^{(d_i)}_{d_j} + U_{d_j} I^{(d_i)}_c$$

(3)第 i 重为纵向故障,第 j 重为横向故障,故障端口为 $b_i - t_i$,$d_j - 0$。

$$Z^0_{(i,j)(r)} = \overline{U}^{(b_i t_i)'}_{d_j} = \overline{U}^{(b_i t_i)}_{d_j} + U_{d_j} I^{(b_i t_i)}_c$$

(4)第 i 重为横向故障,第 j 重为纵向故障,故障端口为 $d_i - 0$,$b_j - t_j$。

$$Z^0_{(i,j)(r)} = \overline{U}^{(b_j t_j)'}_{d_i} = \overline{U}^{(b_j t_j)}_{d_i} + U_{d_i} I^{(b_j t_j)}_c$$

4.8.2 任意节点故障前的初始电压和端口初始电压 $U_{(h)1}^0$ 的计算

由于故障前只有正序分量，求节点故障前初始电压只需求正序分量 $U_{(1)}$。

$$U_{(1)} = Z_{(1)}[I^{(d)} + AI_{\mathrm{c}}]$$

其中，$I^{(d)} = \begin{bmatrix} I^0 & \overset{f_1}{0} & \overset{t_1}{0} & \cdots & \overset{f_m}{0} & \overset{t_m}{0} & \overset{d_1}{0} & \cdots & \overset{d_l}{0} \end{bmatrix}^{\mathrm{T}}$，$I^0$ 为原网络节点注入电流列向量，I_{c} 由式（4—17）求得。

这样，便可求出 h 端口初始电压。对于第 i 重故障端口，有

纵向故障：$\overline{U}_{i(1)}^0 = \overline{U}_{b_i(1)} - \overline{U}_{t_i(1)}$；横向故障：$\overline{U}_{i(1)}^0 = \overline{U}_{d_i(1)}$；而初始端口电压零序和负序分量为 0。

4.9 任意节点电压的计算

根据式（4—36）计算出故障口电流后，便可以得出节点注入电流 $I^{(d)}$，进而可以求解各序节点电压。

首先，计算各序节点电压故障分量，有

$$U'_{(r)} = Z_{(r)}(I^{(d)} + AI_{\mathrm{c}}) \quad (r = 0,\ 1,\ 2)$$

其中，$I^{(d)} = \begin{bmatrix} I_n^f & \overset{b_1}{\vec{I}_{b_1t_1(r)}} & \overset{t_1}{-\vec{I}_{b_1t_1(r)}} & \cdots & \overset{b_m}{\vec{I}_{b_mt_m(r)}} & \overset{t_m}{-\vec{I}_{b_mt_m(r)}} & \overset{d_1}{\vec{I}_{d_1(r)}} & \cdots & \overset{d_l}{\vec{I}_{d_l(r)}} \end{bmatrix}^{\mathrm{T}}$；$I_n^f$ 表示原网节点注入电流的故障分量；$\vec{I}_{b_1t_1(r)}$、$\cdots$、$\vec{I}_{b_mt_m(r)}$、$\vec{I}_{d_1(r)}$、$\cdots$、$\vec{I}_{d_l(r)}$ 表示注入故障口的电流；I_{c} 可根据式（4—17）求得。

对于正序，还应计及故障前的正常分量。

$$U'_{(1)} = U_{(1)} + U'_{(1)}$$

求出对称网络各序节点电压后，可计算出对称网络各支路的各序电流。将在第四章详细介绍任意支路电流的求解方法。

4.10 任意故障类型支路电流快速计算方法

4.10.1 常规算法简介

以图 4—16 所示同一互感组中发生两重横向故障模型为例来研究故障支路电流的计算方法。图中，支路 i—j 上的 d_1 点和支路 s—m 上的 d_2 点同时发生横向故障，p—q 为这一互感组的其他互感支路，l_1、l_2 分别为故障点 d_1、d_2 距端点长度占线路全长的百分数。

由于故障点 d_1、d_2 发生在线路上，且 $l_1 \neq l_2$，

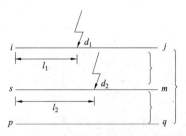

图 4—16 同一互感组中两重横向故障模型

为了求取故障支路电流，需要拆分故障所在互感支路阻抗阵 $\begin{bmatrix} Z_{ij-ij} & Z_{ij-sm} & Z_{ij-pq} \\ Z_{sm-ij} & Z_{sm-sm} & Z_{sm-pq} \\ Z_{pq-ij} & Z_{pq-sm} & Z_{pq-pq} \end{bmatrix}$，有

$$\begin{bmatrix} \overline{U}_{id_1} \\ \overline{U}_{d_1 j} \\ \overline{U}_{sd_2} \\ \overline{U}_{d_2 m} \\ \overline{U}_{pq} \end{bmatrix} = \begin{bmatrix} l_1 Z_{ij-ij} & 0 & l_1 l_2 Z_{ij-sm} & l_1(1-l_2)Z_{ij-sm} & l_1 Z_{ij-pq} \\ 0 & (1-l_1)Z_{ij-ij} & (1-l_1)l_2 Z_{ij-sm} & (1-l_1)(1-l_2)Z_{ij-sm} & (1-l_1)Z_{ij-pq} \\ l_1 l_2 Z_{sm-ij} & (1-l_1)l_2 Z_{sm-ij} & l_2 Z_{sm-sm} & 0 & l_2 Z_{sm-pq} \\ l_1(1-l_2)Z_{sm-ij} & (1-l_1)(1-l_2)Z_{sm-ij} & 0 & (1-l_2)Z_{sm-sm} & (1-l_2)Z_{sm-pq} \\ l_1 Z_{pq-ij} & (1-l_1)Z_{pq-ij} & l_2 Z_{pq-sm} & (1-l_2)Z_{pq-sm} & Z_{pq-pq} \end{bmatrix} \begin{bmatrix} \overline{I}_{id_1} \\ \overline{I}_{d_1 j} \\ \overline{I}_{sd_2} \\ \overline{I}_{d_2 m} \\ \overline{I}_{pq} \end{bmatrix}$$

(4−37)

对式（4−37）求逆，即可以得到故障支路及与其有互感的非故障支路电流计算公式：

$$\begin{bmatrix} \overline{I}_{id_1} \\ \overline{I}_{d_1 j} \\ \overline{I}_{sd_2} \\ \overline{I}_{d_2 m} \\ I_{pq} \end{bmatrix} = \begin{bmatrix} l_1 Z_{ij-ij} & 0 & l_1 l_2 Z_{ij-sm} & l_1(1-l_2)Z_{ij-sm} & l_1 Z_{ij-pq} \\ 0 & (1-l_1)Z_{ij-ij} & (1-l_1)l_2 Z_{ij-sm} & (1-l_1)(1-l_2)Z_{ij-sm} & (1-l_1)Z_{ij-pq} \\ l_1 l_2 Z_{sm-ij} & (1-l_1)l_2 Z_{sm-ij} & l_2 Z_{sm-sm} & 0 & l_2 Z_{sm-pq} \\ l_1(1-l_2)Z_{sm-ij} & (1-l_1)(1-l_2)Z_{sm-ij} & 0 & (1-l_2)Z_{sm-sm} & (1-l_2)Z_{sm-pq} \\ l_1 Z_{pq-ij} & (1-l_1)Z_{pq-ij} & l_2 Z_{pq-sm} & (1-l_2)Z_{pq-sm} & Z_{pq-pq} \end{bmatrix}^{-1} \begin{bmatrix} \overline{U}_{id_1} \\ \overline{U}_{d_1 j} \\ \overline{U}_{sd_2} \\ \overline{U}_{d_2 m} \\ U_{pq} \end{bmatrix}$$

(4−38)

式（4−37）、式（4−38）表明：在程序实现上，需要拆分支路阻抗矩阵，当在同一互感组支路内发生两重横向故障，就要对原支路阻抗矩阵增加两行两列，并对支路阻抗矩阵中与故障支路有关的元素做相应修正[6][7]；最后，对支路阻抗矩阵求逆或对式（4−37）进行回代运算，便可以得到故障支路、与其有互感的非互感支路电流计算公式。

但此计算方法存在如下问题：

（1）支路阻抗矩阵的拆分在程序实现上十分烦琐，而且其烦琐程度随故障重数的增加还会增大。

（2）拆分支路阻抗矩阵引起矩阵阶数增加，占用了程序更多的存储空间。

（3）对拆分之后的方程进行回代运算或直接求逆，增加了程序运行计算的工作量。

为了解决常规算法存在的问题，本文提出以下更快速、通用的支路电流计算方法。

4.10.2 快速计算故障支路及与其有互感的非故障支路电流算法

4.10.2.1 研究模型

用图 4−17 所示模型代替图 4−16 的同一互感组中发生两重横向故障模型。图中，为了推导故障支路电流公式，增设了虚拟节点 d_1'、d_2'、d_1''、d_2''，将支路阻抗方程以虚线为界拆分成三部分。则由支路阻抗方程，有

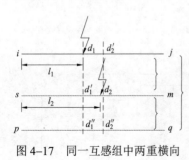

图 4−17　同一互感组中两重横向

$$\begin{bmatrix} \overline{U}_{id_1} \\ \overline{U}_{sd_1'} \\ U_{pd_1''} \end{bmatrix} = l_1 \begin{bmatrix} Z_{ij-ij} & Z_{ij-sm} & Z_{ij-pq} \\ Z_{sm-ij} & Z_{sm-sm} & Z_{sm-pq} \\ Z_{pq-ij} & Z_{pq-sm} & Z_{pq-pq} \end{bmatrix} \begin{bmatrix} \overline{I}_{id_1} \\ \overline{I}_{sd_2} \\ I_{pq} \end{bmatrix}$$

(4−39)

$$\begin{bmatrix} \bar{U}_{d_1 d_1'} \\ \bar{U}_{d_1' d_2} \\ U_{d_1'' d_2''} \end{bmatrix} = (l_2 - l_1) \begin{bmatrix} Z_{ij-ij} & Z_{ij-sm} & Z_{ij-pq} \\ Z_{sm-ij} & Z_{sm-sm} & Z_{sm-pq} \\ Z_{pq-ij} & Z_{pq-sm} & Z_{pq-pq} \end{bmatrix} \begin{bmatrix} \bar{I}_{d_1 j} \\ \bar{I}_{sd_2} \\ I_{pq} \end{bmatrix} \tag{4-40}$$

$$\begin{bmatrix} \bar{U}_{d_2 j} \\ \bar{U}_{d_2 m} \\ U_{d_2'' q} \end{bmatrix} = (1 - l_2) \begin{bmatrix} Z_{ij-ij} & Z_{ij-sm} & Z_{ij-pq} \\ Z_{sm-ij} & Z_{sm-sm} & Z_{sm-pq} \\ Z_{pq-ij} & Z_{pq-sm} & Z_{pq-pq} \end{bmatrix} \begin{bmatrix} \bar{I}_{d_1 j} \\ \bar{I}_{d_2 m} \\ I_{pq} \end{bmatrix} \tag{4-41}$$

此时，显然有

$$\bar{U}_{id_1} + \bar{U}_{d_1 d_2'} + \bar{U}_{d_2' j} = \bar{U}_{ij}$$
$$\bar{U}_{sd_1'} + \bar{U}_{d_1' d_2} + \bar{U}_{d_2 m} = \bar{U}_{sm}$$
$$U_{pd_1''} + U_{d_1'' d_2''} + U_{d_2'' q} = U_{pq}$$

则将方程组（4–39）~式（4–41）的对应行左右两边分别相加，可得

$$\begin{bmatrix} \bar{U}_{ij} \\ \bar{U}_{sm} \\ U_{pq} \end{bmatrix} = \begin{bmatrix} Zij-ij & Zij-sm & Zij\_pq \\ Zsm-ij & Zsm\_sm & Zsm\_pq \\ Zpq\_ij & Zpq-sm & Zpq-pq \end{bmatrix} \begin{bmatrix} l_1 \bar{I}_{id_1} + (l_2 - l_1) \bar{I}_{d_1 j} + (1 - l_2) \bar{I}_{d_2 j} \\ l_1 \bar{I}_{sd_2} + (l_2 - l_1) \bar{I}_{sd_2} + (1 - l_2) \bar{I}_{d_2 m} \\ I_{pq} \end{bmatrix} \tag{4-42}$$

令

$$\bar{I}_{ij} = l_1 \bar{I}_{id_1} + (l_2 - l_1) \bar{I}_{d_1 j} + (1 - l_2) \bar{I}_{d_2 j} = l_1 \bar{I}_{id_1} + (1 - l_1) \bar{I}_{d_2 j} \tag{4-43}$$

$$\bar{I}_{sm} = l_1 \bar{I}_{sd_2} + (l_2 - l_1) \bar{I}_{sd_2} + (1 - l_2) \bar{I}_{d_2 m} = l_2 \bar{I}_{sd_2} + (1 - l_2) \bar{I}_{d_2 m} \tag{4-44}$$

根据式（4–42）~式（4–44），有

$$\begin{bmatrix} \bar{I}_{ij} \\ \bar{I}_{sm} \\ I_{pq} \end{bmatrix} = \begin{bmatrix} Y_{ij-ij} & Y_{ij-sm} & Y_{ij-pq} \\ Y_{sm-ij} & Y_{sm-sm} & Y_{sm-pq} \\ Y_{pq-ij} & Y_{pq-sm} & Y_{pq-pq} \end{bmatrix} \begin{bmatrix} \bar{U}_{ij} \\ \bar{U}_{sm} \\ U_{pq} \end{bmatrix} \tag{4-45}$$

其中，$\bar{U}_{ij} = \bar{U}_i - \bar{U}_j$，$\bar{U}_{sm} = \bar{U}_s - \bar{U}_m$，$U_{pq} = U_p - U_q$ 为支路电压，$\bar{U}_i$、$\bar{U}_j$ 等为节点电压；$\begin{bmatrix} Y_{ij-ij} & Y_{ij-sm} & Y_{ij-pq} \\ Y_{sm-ij} & Y_{sm-sm} & Y_{sm-pq} \\ Y_{pq-ij} & Y_{pq-sm} & Y_{pq-pq} \end{bmatrix} = \begin{bmatrix} Z_{ij-ij} & Z_{ij-sm} & Z_{ij-pq} \\ Z_{sm-ij} & Z_{sm-sm} & Z_{sm-pq} \\ Z_{pq-ij} & Z_{pq-sm} & Z_{pq-pq} \end{bmatrix}^{-1}$ 为支路导纳矩阵。

利用式（4–45）就得到了与故障支路有互感的非故障支路电流计算公式，与常规方法相比，该公式直接简单；稍后可以看出，该计算公式与一般非故障支路电流计算公式形式完全相同。

另外，在图 4–17 中，对故障点 d_1、d_2 应用 KCL 电流定律可得

$$\bar{I}_{id_1} + \bar{I}_{d_1} = \bar{I}_{d_1 j}, \quad \bar{I}_{sd_2} + \bar{I}_{d_2} = \bar{I}_{d_2 m} \tag{4-46}$$

其中，$\bar{I}_{d_1}$、$\bar{I}_{d_2}$ 为故障口注入电流。

通过式（4–43）~式（4–46）可解出故障支路电流，如下所示：

$$\left. \begin{aligned} \bar{I}_{id_1} &= -(1 - l_1) \bar{I}_{d_1} + \bar{I}_{ij} \\ \bar{I}_{d_1 j} &= l_1 \bar{I}_{d_1} + \bar{I}_{ij} \\ \bar{I}_{sd_2} &= -(1 - l_2) \bar{I}_{d_2} + \bar{I}_{sm}, \bar{I}_{d_2 m} = l_2 \bar{I}_{d_2} + \bar{I}_{sm} \end{aligned} \right\} \tag{4-47}$$

其中，$\vec{I}_{ij}$、$\vec{I}_{sm}$ 通过式（4–43）、式（4–44）求解；$\vec{I}_{d_1}$、$\vec{I}_{d_2}$ 为故障口注入电流，已在故障计算中求出。

式（4–47）表明：要计算故障支路电流，首先，通过支路导纳方程计算完整支路电流，然后根据故障点在支路上的位置和已求解出的故障口电流就可以得到故障支路电流的计算公式[7]。

在该方法中，支路导纳方程只要在完成系统建模时一次形成即可，而在传统方法中，需要根据不同的故障情况做相应地修正。

下面研究在其他故障模型中故障支路电流计算是否有相似的规律。

4.10.2.2 其他模型

1. 一重横向故障模型

如图 4–18 所示，采用相同的方法，有

$$\left. \begin{array}{l} \begin{bmatrix} \vec{I}_{ij} \\ I_{pq} \end{bmatrix} = \begin{bmatrix} Y_{ij-ij} & Y_{ij-pq} \\ Y_{pq-ij} & Y_{pq-pq} \end{bmatrix} \begin{bmatrix} \vec{U}_{ij} \\ U_{pq} \end{bmatrix} \\ \vec{I}_{id} = -(1-l)\vec{I}_d + \vec{I}_{ij}, \ \vec{I}_{dj} = l\vec{I}_d + \vec{I}_{ij} \end{array} \right\} \qquad (4-48)$$

2. 含有断线故障的四重故障模型

如图 4–19 所示，i—j 支路的 d_1、d_2 点发生横向故障，且在 i 侧发生断线故障，新增节点为 t，支路 s—m 的 d_3 点发生横向故障，p—q 为该互感支路组的其他支路。

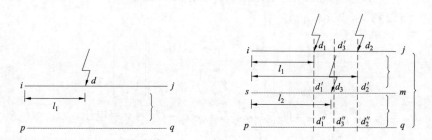

图 4–18　一重横向故障模型　　　图 4–19　同一互感组含有断线故障的四重故障

同理，可以求解故障支路电流及与其有互感的非故障支路电流为

$$\begin{bmatrix} \vec{I}_{tj} \\ \vec{I}_{sm} \\ I_{pq} \end{bmatrix} = \begin{bmatrix} Y_{ij-ij} & Y_{ij-sm} & Y_{ij-pq} \\ Y_{sm-ij} & Y_{sm-sm} & Y_{sm-pq} \\ Y_{pq-ij} & Y_{pq-sm} & Y_{pq-pq} \end{bmatrix} \begin{bmatrix} \vec{U}_{tj} \\ \vec{U}_{sm} \\ U_{pq} \end{bmatrix} \qquad (4-49)$$

$$\vec{I}_{td_1} = -(1-l_1)\vec{I}_{d_1} - (1-l_2)\vec{I}_{d_2} + \vec{I}_{tj} \qquad (4-50)$$

$$\vec{I}_{d_1 d_2} = l_1 \vec{I}_{d_1} - (1-l_2)\vec{I}_{d_2} + \vec{I}_{tj}, \ \vec{I}_{d_2 j} = l_1 \vec{I}_{d_1} + l_2 \vec{I}_{d_2} + \vec{I}_{tj} \qquad (4-51)$$

$$\vec{I}_{sd_3} = -(1-l_3)\vec{I}_{d_3} + \vec{I}_{sm}, \ \vec{I}_{d_3 m} = l_3 \vec{I}_{d_3} + \vec{I}_{sm} \qquad (4-52)$$

显然，此时需要知道新增节点 t 的节点电压 $\vec{U}_t$。但是，为了避免求解 $\vec{U}_t$，可以利用断口的口电流计算。由图 4–19 可知，$\vec{I}_{td_1} = -\vec{I}_t$，则由式（4–50）可求出 $\vec{I}_{tj}$，再由支路导纳方

程式（4-49）求出 $\overline{U}_{ij}$，进而求出 $\overline{I}_{sm}$、I_{pq}，从而求出其他故障支路电流。

4.10.2.3 计算方法描述

通过上述各种故障情况分析，结合式（4-45）、式（4-47）～式（4-52），由数学归纳法可以得出以下一般性结论：不论在同一互感组支路（包括仅有一条线路的情形）中发生几重横向故障，要计算故障支路电流，不用修改故障所在互感支路导纳矩阵，只要利用支路导纳方程先求出原整条支路的电流，查找到该故障支路上的所有故障点，再利用故障支路与故障点的位置关系以及已计算出的故障点的端口电流，便可简单写出故障支路电流的求解公式。

实际故障情况很多，但只要灵活利用该方法，便可以简便计算出故障支路电流和与其有互感的非故障支路电流。如：对于互感线路有停电检修情况只需令支路两端电压为零、对于含有断线故障的多重故障和其他一些情形也只需修正支路电压即可。

4.10.3 与故障支路无互感的非故障支路电流的计算

以上各节讨论了故障支路及与其有互感的非故障支路电流的计算公式。下面研究与故障支路无互感的非故障支路电流的计算公式。

任意与故障支路无互感的非故障支路电流的计算公式比较简单，由支路导纳方程有

$$
\begin{bmatrix} \overline{I}_{lm} \\ I_{st} \end{bmatrix} = \begin{bmatrix} Y_{lm-lm} & Y_{lm-st} \\ Y_{st-lm} & Y_{st-st} \end{bmatrix} \begin{bmatrix} U_{lm} \\ U_{st} \end{bmatrix}
$$

当不存在互感时，Y_{lm-st} 为零矩阵。

4.10.4 计算步骤归纳

根据以上所述，归纳计算复杂故障任意支路正、负、零序电流的计算步骤如下：

（1）输入原始数据。

（2）形成系统正、负、零序支路导纳矩阵。

（3）形成系统正、负、零序节点阻抗矩阵。

（4）根据第三章的方法，计算故障条件下正、负、零序故障口电流及节点电压。

（5）形成正、负、零序支路电压。

（6）利用支路导纳矩阵方程计算原网各整条支路电流。

（7）对于短路点在支路上的情况，依据上述结论，计算各新增故障支路电流。

4.11 分支系数的快速计算方法

4.11.1 常规算法简介

在电力系统继电保护的整定计算中，上下级保护相互配合时会遇到分支系数的问题。分支系数选择不合理，有可能造成保护的误动或拒动，因此分支系数是继电保护整定计算中的重要参数，在复杂的电网中，分支系数的计算是继电保护整定计算中的难点之一。为了选取最保守的分支系数，要充分考虑影响分支系数大小的因素：

（1）网络操作，如线路的投入和切除。

（2）电源运行方式的变化，如发电机组投切。

（3）故障点的选择。

目前，常用的分支系数算法均采用先求得保护支路和配合支路（故障支路）的故障电流后再计算两电流之比的算法[9-11]，即采用如下分支系数的定义：

$$\text{分支系数} = \frac{\text{保护支路电流}}{\text{配合支路电流}}$$

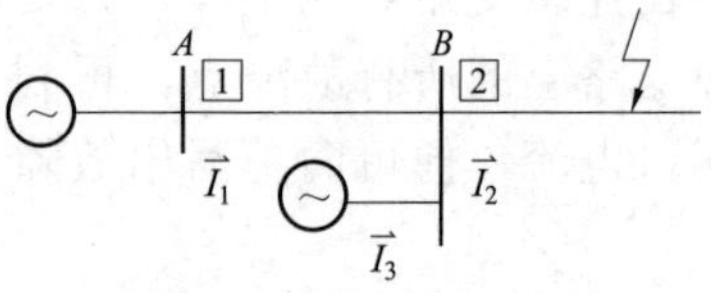

图 4-20　分支系数

如图 4-20 所示，保护 1 和 2 的过电流保护启动，则 $K_{fz} = \dfrac{\bar{I}_2}{\bar{I}_1} = \dfrac{\bar{I}_1 + \bar{I}_3}{\bar{I}_1} = 1 + \dfrac{\bar{I}_3}{\bar{I}_1}$。分支系数的定义，是指在相邻线路短路时，流过本线路的短路电流占流过相邻线路短路电流的份数。对于电流保护来说，在整定配合上应取可能出现的最大分支系数。

若保护 1 和 2 装设距离保护时，则在 1 处的测量阻抗为

$$Z_{cl(1)} = \frac{\bar{U}_A}{\bar{I}_1} = \frac{\bar{I}_1 Z_{AB} + \bar{I}_2 Z_k}{\bar{I}_1} = Z_{(1)} + K_{zz} Z_k$$

其中，K_{zz} 为助增系数，助增系数等于分支系数的倒数。助增系数将使距离保护测量阻抗增大，保护范围缩小。在整定配合应选可能出现的最小助增系数。

4.11.2　分支系数的公式推导

设故障点注入的短路电流为 $\bar{I}_{d(r)}$，其在各节点所产生的故障电压分量：

$$\bar{U}_{i(r)}^d = Z_{di(r)} \bar{I}_{d(r)} \qquad (i = 1, 2, \cdots, n; r = 0, 1) \qquad (4\text{-}53)$$

其中，$Z_{di(r)}$ 为短路点 d 与节点 i 之间的 r 序互阻抗。

将这一电压分量与故障前该节点的电压分量 $\bar{U}_{i(r)}^0$ 相加，即得到短路故障后的节点电压：

$$\bar{U}_{i(r)} = \bar{U}_{i(r)}^0 + \bar{U}_{i(r)}^d$$

根据第 4 章非故障支路电流计算公式，短路故障时通过任意非故障支路的序电流为

$$\bar{I}_{ij(r)} = Y_{ij \cdot ij(r)} (\bar{U}_{i(r)} - \bar{U}_{j(r)}) + Y_{ij \cdot pq(r)} (U_{p(r)} - U_{q(r)})$$

其中，$Y_{ij \cdot ij(r)}$、$Y_{ij \cdot pq(r)}$ 分别为支路导纳矩阵中支路 i—j 的自导纳和与其有互感支路的互导纳，对于正序或当支路 i—j 无互感时，$Y_{ij \cdot pq(r)}$ 为零矩阵。

在不计负荷（或负荷电流较短路电流小得多）的简化短路电流计算中，可假定故障前节点电压标幺值相等（即 $\bar{U}_{i(r)}^0 = \bar{U}_{j(r)}^0$），并忽略通过支路的正常电流。

因此，支路 i—j 的各序支路电流可写为

$$\bar{I}_{ij(r)} = Y_{ij \cdot ij(r)} \left[\bar{U}_{i(r)}^d - \bar{U}_{j(r)}^d \right] + Y_{ij \cdot pq(r)} \left[U_{p(r)}^d - U_{q(r)}^d \right]$$

$$= \left[Y_{ij \cdot ij(r)} (Z_{di(r)} - Z_{dj(r)}) + \sum_{l=1}^{m} Y_{ij \cdot p_l q_l(r)} (Z_{dp_l(r)} - Z_{dq_l(r)}) \right] \bar{I}_{d(r)}$$

其中，$l\,(l = 1, 2, \cdots, m)$ 为支路 i—j 的互感支路但排除其中的检修支路。因为，对于互感检修支路，支路两端端点接地，其支路电压为零。

假设保护支路为 $i—j$，配合支路为 $j—t$，故障点 d 距配合端端点 j 占配合支路全长的百分比为 k，如图 4–21 所示。

根据本章故障支路电流的计算方法，则故障支路 $j—d$ 的序电流：

图 4–21 计算分支系数模型

$$\dot{I}_{jd(r)} = Y_{jt \cdot jt(r)}(\overline{U}^d_{j(r)} - \overline{U}^d_{t(r)}) + Y_{jt \cdot uv(r)}(U^d_{u(r)} - U^d_{v(r)}) - (1-k)\overline{I}_{d(r)}$$

$$= \left[Y_{jt \cdot jt(r)}(Z_{dj(r)} - Z_{dt(r)}) + \sum_{l=1}^{s} Y_{jt \cdot u_l v_l(r)}(Z_{du_l(r)} - Z_{dv_l(r)}) - (1-k) \right] \overline{I}_{d(r)}$$

其中，$l(l = 1, 2, \cdots, s)$ 为支路 $j—t$ 的互感支路，但排除其中的检修支路。

根据分支系数的定义，分支系数 $= \dfrac{\text{保护支路电流}}{\text{配合支路电流}}$，则正序、零序分支系数的计算公式为

$$K_{fz(r)} = \frac{\dot{I}_{ij(r)}}{\dot{I}_{jd(r)}}$$

$$= \frac{Y_{ij \cdot ij(r)}(Z_{di(r)} - Z_{dj(r)}) + \sum\limits_{l=1}^{m} Y_{ij \cdot p_l q_l(r)}(Z_{dp_l(r)} - Z_{dq_l(r)})}{Y_{jt \cdot jt(r)}(Z_{dj(r)} - Z_{dt(r)}) + \sum\limits_{l=1}^{s} Y_{jt \cdot u_l v_l(r)}(Z_{du_l(r)} - Z_{dv_l(r)}) - (1-k)} \quad (0 < k \leqslant 1; r = 0, 1)$$

$$(4–54)$$

其中，$Z_{di} = (1-k)Z_{ij} + kZ_{it}$（$0 < k < 1; i = 1, 2, \cdots, n$；$n$ 为不计新增故障点的原网节点数）。

式（4–54）表明：计算正序、零序分支系数时，只要已知故障点与所求支路两端的节点及与其有互感支路节点之间的互阻抗即可，这样就避免了计算故障口电流以及支路电流的麻烦。

即使故障发生在配合支路的非端点上，也不必修改其互感支路导纳矩阵，仅仅利用原互感支路导纳矩阵进行计算；而故障发生在支路端点，则可以直接利用节点阻抗矩阵的相关元素进行计算。

同理，计算各种运行方式下分支系数的关键是确定计算相应分支系数所需的节点阻抗矩阵中的元素。

4.11.3 加快计算分支系数的措施

4.11.3.1 网络操作模拟

计算最保守的分支系数时，往往需要考虑检修某条支路或断开保护支路相邻支路时的系统参数。此时，应以原有的节点阻抗矩阵为基础，用补偿法或局部修正阻抗矩阵的方法，计算网络操作之后的节点阻抗矩阵。由于该方法只计算正序、零序分支系数，仅仅对正序、零序节点阻抗矩阵进行修正，可以大大提高计算分支系数的速度。

4.11.3.2 电源运行方式的选择

1. 参与组合发电机的确定方法

由于电源在电力系统中的分散性和运行方式变化的多样性，在继电保护整定计算过程中，难以准确考虑电源运行方式变化对分支系数的影响。

目前，在计及网络操作情况下的继电保护整定计算过程中，仅仅考虑了整定保护所在线路对侧母线上直接连接电源运行方式的变化[8]。因此，计算出的最大和最小分支系数均存在误差，严重情况下可能造成继电保护之间失去应有的严格配合关系，而导致继电保护出现误动或拒动。

如果对所有电源进行大规模的运行方式组合，虽然可以准确计算出继电保护运行整定过

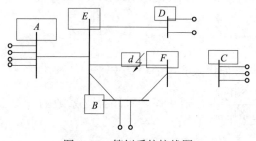

图4-22 算例系统接线图

程中所需最大和最小分支系数，但对大规模、复杂电力系统而言，如果针对网络操作、轮断一条相邻支路时对电源的每一种运行方式都进行相应分支系数的计算，其计算量就相当大。

为了减少计算量，文献［12］研究了电源运行方式变化对分支系数的影响程度。现以图4-22中整定 $A—B$ 线路 A 侧保护为例进行说明。

在无网络操作的情况下 d 点短路时，各电源的电流分布系数如下。

对于电源 A、B、C 和 D：

$$C_A = \vec{I}_{Ad} / \vec{I}_d, C_B = \vec{I}_{Bd} / \vec{I}_d, C_C = \vec{I}_{Cd} / \vec{I}_d, C_D = \vec{I}_{Dd} / \vec{I}_d \qquad (4-55)$$

由式（4-55）可知，电流分布系数描述着各电源对故障电流的影响程度。根据电流分布系数这一物理意义，按各电源电流分布系数的大小可以把大型复杂电力系统中的电源划分成两大区域，即对故障电流影响较大的区域和影响较小的区域。由于位于影响较小区域内的电源运行方式变化对分支系数影响较小，在计算分支系数时，可仅考虑影响较大区域内的电源运行方式的变化。

电源影响域的划分原则：电流分布系数 $\geqslant \varepsilon$。

预先给定小数 ε 的取值情况关系到分支系数计算量的大小和准确度，其取值应视实际情况而定[12]。

要得到参与方式组合的电源，需要计算各电源支路的分布系数，由式（4-55）可知，需要计算故障点电流和各发电机支路电流。正如同分支系数一样，电源分布系数只与网络的结构和参数有关，而与短路电流大小无关。为了进一步提高运算速度，提高整定计算软件的效率，下面对分布系数的公式做了进一步推导。

为了推导用网络参数表示电流分布系数，将图4-21所示网络简化为图4-23所示的网络。

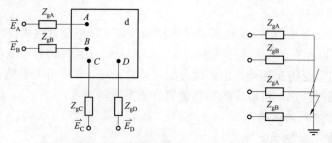

图4-23 计算电流分布系数的等效网络

在图4-23中，Z_{gA}、Z_{gB}、Z_{gC} 和 Z_{gD} 表示各电源阻抗；Z_{Ad}、Z_{Bd}、Z_{Cd} 和 Z_{Dd} 表示各

电源到故障点 d 的转移阻抗。

在简化计算中，认为各电源电势相等（均为 $\bar{E}$），电源 A 到故障点 d 的转移电流 I_{Ad} 等于仅在故障点注入故障电流 I_d 时通过发电机支路电流 I_{gA}。因此，对于电源 A，由欧姆定律有

$$\frac{\bar{U}_A^d}{Z_{gA}} = \frac{\bar{U}_d^d}{Z_{Ad}}$$

又根据式（4–53）可得：$\bar{U}_A^d = Z_{Ad}\bar{I}_d$，$\bar{U}_d^d = Z_{dd}\bar{I}_d$。

则转移阻抗：

$$Z_{Ad} = \frac{Z_{dd}}{Z_{Ad}} \cdot Z_{gA}$$

所以

$$C_A = \frac{\bar{I}_{Ad}}{\bar{I}_d} = \frac{\bar{E}/Z_{Ad}}{\bar{E}/Z_{dd}} = \frac{Z_{dd}}{Z_{Ad}} = \frac{Z_{Ad}}{Z_{gA}} \tag{4–56}$$

同理，可计算其他电源 B、C 和 D 的分布系数。

式（4–56）表明：分布系数可直接利用节点阻抗矩阵中的相关元素以及发电机支路阻抗来计算，进而得到参与组合的发电机支路，这样避免计算电源支路电流，有利于提高整定速度和效率。

2. 发电机运行方式变化的模拟方法

设网络中 g_1，$\cdots$，g_s 号母线为电源母线，且由于运行方式的变化，电源等值阻抗由 $Z_{gk(r)}$ 变成了 $Z'_{gk(r)}(k=1,\cdots,s)$。根据第 3 章介绍可知：当电源运行方式变化时，可采用向原网电源母线追加一组附加阻抗 $\Delta Z_{gk(r)}$ 后修正节点阻抗矩阵的方法，而附加阻抗

$$\Delta Z_{gk(r)} = \frac{Z'_{gk(r)}Z_{gk(r)}}{Z_{gk(r)} - Z'_{gk(r)}} \qquad (k=1,\cdots,\ s;\ r=0,1)$$

4.11.3.3 故障点的选择

1. 故障点的确定方法

分支系数与故障点的关系比较复杂。在整定计算时，可按如下规律选择故障点[9][10]：如果配合支路是放射性支路，不同的故障点对正序分支系数没有影响；如果配合支路本身有复杂环网的情况，不同的故障点对正序分支系数有影响，且相继动作时正序分支系数最大；如果配合支路和保护支路构成复杂环网，不同的故障点对正序分支系数也有影响，且相继动作时正序分支系数最大。具体论证参见文献［9］。

对于大的复杂系统，识别支路是否环网以及判定环网的类型在程序实现上是不太容易的，并占用了程序计算时间，可根据实际情况加以取舍。

不论是正序分支系数，还是零序分支系数，要计算最保守的分支系数，需计算的故障点有[8]：配合支路 Ⅰ 段末端故障；配合支路所在线路末端故障；配合支路所在线路单端切除后 Ⅰ 段末端故障；配合支路所在线路单端切除后断口处故障。为了不漏掉最保守的情况，计算最大分支系数时，Ⅰ 段末端范围可取支路全长的 50%；计算最小分支系数时，可取支路全长

的 15%～20%。

2. 合理安排顺序

实践表明：在继电保护整定计算尤其是在进行大规模、复杂系统的继电保护整定计算时，网络参数的反复恢复过程占据了程序执行过程的绝大部分时间。因此，应尽量减少恢复网络参数以及修正节点阻抗矩阵的次数，以便有效提高整定计算的速度。

如对 4.11.3.1 列举的四种故障点，可按以下顺序进行计算：

（1）保存初始拓扑关系。

（2）获得某方式下的节点阻抗阵。

（3）计算配合支路所在线路末端故障时的分支系数。

（4）计算配合支路 I 段末端故障时的分支系数。

（5）获得单端切除时节点阻抗矩阵。

（6）计算配合支路所在线路单端切除后断口处故障时的分支系数。

（7）计算配合支路所在线路单端切除后 I 段末端故障时的分支系数。

（8）恢复最初网络参数。

该方法仅需要修正两次节点阻抗矩阵，保存、恢复一次最初网络参数。

如果不进行优化，则需要修正四次节点阻抗矩阵、保存临时方式一次、恢复临时方式三次、保存恢复最初方式各一次。

可见，合理安排计算顺序，将大大提高整定计算的速度及效率。

4.12　算例

算例一

以文献［5］中的例题 7-1 为例，系统如图 4-24 所示，假设系统正、负序参数相同（取 $Z_s = j1.0$）。

（1）当在 F_1 点发生 A、B 两相断相故障，F_2 点发生 B 相接地故障，且均为金属性故障，计算结果见表 4-1、表 4-2。

（2）当在 F_1 点发生 B 相断相故障，F_2 点发生 B、C 两相相间短路，此时 $Z_{2a} = \infty$，$Z_{2b} = 20\Omega$，$Z_{2c} = 10\Omega$，基准阻抗 $Z_B = 132.25\Omega$，计算结果见表 4-3。

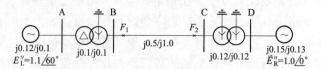

图 4-24　算例系统接线图

表 4-1　　　　　　　　　　故障情况（1）的故障口序电流及全电流

类　别	端口 1	端口 2
正序	$0.159\,0\,\angle{-183.76°}$	$1.262\,2\,\angle{90.08°}$
负序	$0.159\,0\,\angle{63.76°}$	$1.262\,2\,\angle{210.08°}$

类　别	端口 1	端口 2
零序	$0.159\ 0 \angle -56.24°$	$1.262\ 2 \angle -29.92°$
A 相	$0 \angle 63.76°$	$0 \angle 90.08°$
B 相	$0 \angle 3.76°$	$3.786\ 6 \angle -29.92°$
C 相	$0.476\ 9 \angle -56.24°$	$0 \angle 30.08°$

表 4-2　　　　　　　　故障情况（1）的故障口、母线序电压及全电压

类　别	端口 1	端口 2	节点 B	节点 D
正序	$0.497\ 1 \angle 52.33°$	$0.657\ 8 \angle 3.69°$	$1.085\ 0 \angle 28.34°$	$0.809\ 4 \angle 1.67°$
负序	$0.479\ 7 \angle 130.56°$	$0.377\ 3 \angle -56.30°$	$0.035\ 0 \angle 153.76°$	$0.209\ 6 \angle -56.30°$
零序	$0.155\ 7 \angle -82.25°$	$0.280\ 5 \angle 63.68°$	$0.015\ 9 \angle 33.76°$	$0.145\ 9 \angle 63.68°$
A 相	$0.603\ 8 \angle 88.79°$	$0.990\ 3 \angle -1.16°$	$1.081\ 0 \angle 29.93°$	$0.990\ 3 \angle -1.16°$
B 相	$1.067\ 6 \angle -87.30°$	$0 \angle -29.52°$	$1.110\ 7 \angle -90.82°$	$0.454\ 4 \angle 240.08°$
C 相	$0 \angle 105.43°$	$0.990\ 1 \angle 128.55°$	$1.064\ 8 \angle 145.85°$	$0.987\ 0 \angle 125.23°$

表 4-3　　　　　　　　故障情况（2）的故障口序电流及全电流

类　别	端口 1	端口 2
正序	$0.404\ 5 \angle 143.60°$	$1.806\ 9 \angle 119.44°$
负序	$0.138\ 0 \angle 21.40°$	$1.806\ 9 \angle -60.56°$
零序	$0.361\ 4 \angle -136.33°$	$0 \angle 93.40°$
A 相	$0.461\ 9 \angle 174.74°$	$0 \angle -90.38°$
B 相	$0 \angle -52.67°$	$3.129\ 7 \angle 29.44°$
C 相	$0.852\ 3 \angle 247.33°$	$3.129\ 7 \angle 209.44°$

其他电气量计算结果从略。由表 4-1～表 4-3 可知：用该算法计算出故障口电气量满足故障边界特征。

算例二

系统如图 4-25 所示，假设系统正、负序参数相同。在 F_1 处（算线 I 距 B 母线 30%处）发生 B 相接地短路，F_2 处（算线 II 距 B 母线 50%处）B、C 两相短路时，编制程序进行验证，计算结果见表 4-4、图 4-26、图 4-27 所示。

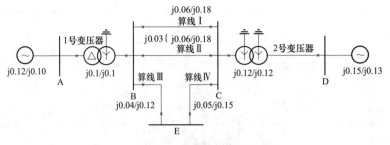

图 4-25 系统接线图

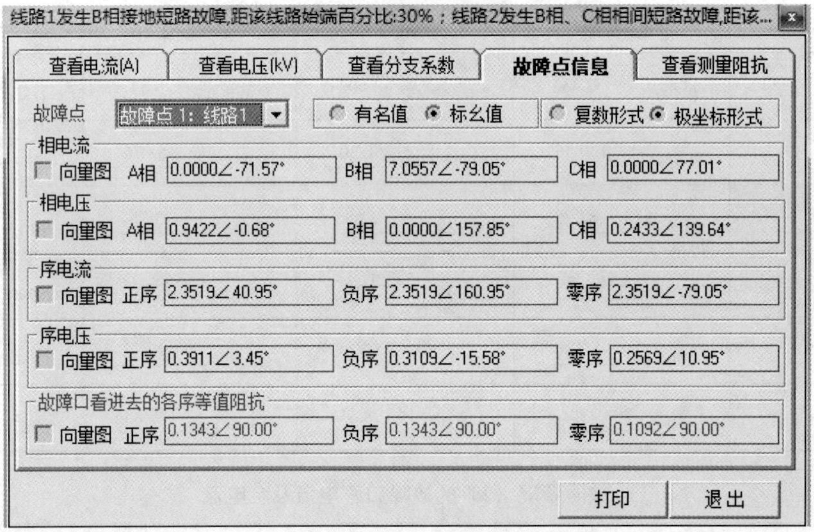

图 4-26 线路 1 故障点信息

图 4-27 线路 2 故障点信息

表 4–4　　　　　　　　　　　　　算　例　计　算　结　果

		正序	负序	零序
故障口电流	故障口 F1	$2.351\,9\angle 40.95°$	$2.351\,9\angle 160.95°$	$2.351\,9\angle -79.05°$
	故障口 F2	$3.770\,0\angle 118.11°$	$3.770\,0\angle -61.89°$	$0\angle 0°$
节点电压	节点 A	$0.677\,9\angle 30.16°$	$0.170\,6\angle -40.73°$	$0.000\,0\angle 0.00°$
	节点 B	$0.409\,5\angle 0.48°$	$0.312\,8\angle -10.73°$	$0.167\,4\angle 10.95°$
	节点 C	$0.410\,8\angle -0.59°$	$0.317\,2\angle -8.91°$	$0.169\,5\angle 10.95°$
	节点 D	$0.672\,6\angle -0.20°$	$0.176\,2\angle -8.91°$	$0.088\,1\angle 10.95°$
	节点 E	$0.410\,0\angle 0.01°$	$0.314\,7\angle -9.91°$	$0.168\,3\angle 10.95°$
支路电流	线路 B—E	$0.086\,1\angle 9.58°$	$0.121\,6\angle 146.04°$	$0.007\angle 100.95°$
	线路 E—C	$0.086\,1\angle 9.58°$	$0.121\,6\angle 146.04°$	$0.007\,7\angle 100.96°$
	B—F1 故障支路	$1.537\,5\angle -136.55°$	$1.470\,9\angle -17.23°$	$1.656\,3\angle 100.95°$
	F1—C 故障支路	$0.818\,6\angle 36.24°$	$0.883\,0\angle 157.90°$	$0.695\,6\angle -79.05°$
	B—F2 故障支路	$1.930\,0\angle -58.25°$	$2.047\,9\angle 120.50°$	$0.009\,9\angle 100.93°$
	F2—C 故障支路	$1.848\,0\angle 114.31°$	$1.726\,1\angle -64.73°$	$0.009\,9\angle 100.93°$

4.13　小结

　　本章首先阐述了节点阻抗方程作为研究电力网络故障计算数学模型的理由及建立方法。其次，考虑到面向继电保护整定计算的故障计算是计及网络操作的故障计算，建立了求解伴有拓扑结构与参数变化的大型电力网络方程的计算方法。通过补偿电流法来描述复杂故障引起的网络拓扑结构的变化，又从故障边界条件导纳参数矩阵的一般形式出发，综合应用相序参数变换技术和广义戴维南定理，导出了一种可直接、简便计算故障端口电流、支路电流以及分支系数的复杂故障通用分析方法。

　　该方法适用性强、程序实现容易，使得求解简单故障、跨线故障、由简单故障组合的复杂故障、具有任意不对称过渡电阻的复杂故障等计算过程变得十分简便。本方法的合理性与有效性已通过编制程序及应用算例得到验证。该方法的特点如下：

　　（1）采用补偿电流法来模拟故障引起的网络拓扑结构变化，不必修改原网数学模型，提高了运算速度。

　　（2）为避免边界节点导纳矩阵中出现无穷大元素，在端口串联一对虚拟阻抗的方式，该方式不改变原网对称系统，又不影响故障口电流，仅需要在计算端口阻抗时计及虚拟阻抗的影响，既直接、简单，又提高了计算精度。

（3）根据故障类型及故障电阻 Z_a、Z_b、Z_c、Z_g，可直接得到故障类型导纳矩阵的相、序分量，解决了故障点经任意过渡电阻故障时的故障计算问题。从而既拓宽了故障计算的范围，又省去了程序实现中根据故障类型存储、检索故障类型的步骤，简化了编程，提高了运算速度。

（4）摒弃了故障类型和特殊相的概念，无需考虑序网的串/并联和理想变压器的转角问题。

（5）支路电流计算时不需修改支路方程、增加支路方程的阶数，从而节省了程序的存储空间，减少了程序运行计算的工作量，通用性强，不受互感支路数和故障重数的限制。

（6）分支系数计算时不必进行短路故障计算，减少了程序运行计算的工作量，并且当运行方式发生变化时，只需计算分支系数中所需的电气量，计算中没有重复工作。

4.14 参考文献

[1] 刘芳宁，米麟书. 大型电力网络节点阻抗方程的形成及其修正的统一算法 [J]. 重庆大学学报，1987，10（4）：65–73.

[2] 曹国臣，任先文. 变结构与参数电力系统中互感线路非对称断相故障的快速计算 [J]. 电力系统自动化，1993，17（6）：19–25.

[3] 王春，陈允平，谈顺涛. 电力系统复杂故障通用算法的研究 [J]. 中国电机工程学报，1995，15（6）：417–422.

[4] 电工教研室. 电网络分析 [M]. 保定：华北电力大学，1998.

[5] 刘万顺. 电力系统故障分析 [M]. 北京：中国电力出版社，1986.

[6] 曹国臣. 快速计算电力系统双重故障的口网络法 [J]. 继电器，1994，（4）：3–8.

[7] 曹国臣. 继电保护整定计算中互感支路电流的快速计算 [J]. 继电器，1995，（1）：10–13.

[8] 陈永琳. 电力系统继电保护的计算机整定计算 [M]. 北京：水利电力出版社，1994.

[9] 程小平. 电网结构与配合系数的研究 [J]. 电力系统自动化，2000，24（9）：52–55.

[10] 程小平. 缩短继电保护整定计算时间的措施 [J]. 电网技术，2001，25（2）：69–71.

[11] 程小平. 电网变化对零序电流影响定性分析 [J]. 继电器，2000，28（2）：4–11.

[12] 曹国臣，李娟，张连斌. 继电保护运行整定中分支系数计算方法的研究 [J]. 继电器，1999，27（2）：5–9.

第 **5** 章

大型电力网络分块计算的实用化计算方法

5.1 大型电力网络的特点

现代电力系统又称大电网，是一类典型的复杂系统，其特点主要表现为以下五方面[1]。

1. 现代电力系统规模庞大

总体而言，现代电力系统主要包括三个组成部分：① 能量变换、传输、分配和使用的一次系统；② 保障电力系统安全、稳定和经济运行的自动控制系统；③ 实现电力作为商品买卖的电能交易系统。近年来，由于互联后的电力系统能够优化水电、火电、核电和其他各种资源，并为系统运行的经济性和安全性带来巨大效益，我国电网在实现区域电网互联、西电东送和南北互供等重大工程后，系统规模进一步扩大。

2. 现代电力系统元件复杂

电力系统的元件不仅数目庞大，而且种类繁多。随着电力电子技术的迅速发展，高压直流输电、可控串补、静态无功补偿等技术得到了广泛应用，从而给电力系统元件特性的复杂性增添了新的内容。

3. 电网的分层分区运行

分层分区是指按电网的电压等级将电网分成若干结构层次，在不同结构层次按供电能力划分出若干供电区域，在各区域内根据电力负荷安排相应的电力供应，形成区域内电力供需大致平衡。合理分层是指按网络电压等级将电网划分由上至下的若干结构[2]。合理的分区是指在每一层上将全网分解成几个相对独立的子网络，每个子网络的解只和自己内部变量及边界变量有关，而和其他子网络内的变量无关[3]。

4. 网络时空演化的复杂性

伴随着电力系统控制技术手段的不断升级和优化，电网的层次结构经历了多次变革以及连接方式的大量变化，表现出了时间和空间演化上的复杂性，展示出了极其多样的复杂行为。

5. 故障演化的复杂性

电力系统故障在长期上既表现为无序的非稳定性，又存在有序的节律性和周期性；在短期上既表现为多时间尺度的动态行为交织，又有各种失稳模式和振荡模式的复杂变化。电力系统故障在空间上既具有普遍性，又具有区域性；故障波及范围既有可预测性，又有随机性和突变性。

现代电力系统规模庞大且元件复杂，在对大规模互联电力系统进行统一分析时，如果全网络都参与计算，则会大大降低运算速度，且不利于实时跟踪电力系统的安全稳定运行。于是电力系统的分块计算方法应运而生。分块计算是一种提高计算速度的有效处理手段，并且可以在一定程度上忽略研究区域外的系统时空演化及故障演化的复杂性。网络分块计算最早由 Kron 于 20 世纪 50 年代初提出，他利用张量分析的概念发展了网络分裂算法。其基本思想是把大电网分解成若干规模较小的子网，对每一个子网在分割的边界处分别进行等值计算，然后再求出分割边界处的协调变量，最后求出各个子网的内部变量，得到全系统的解。由于每一个子网相对全网较易求解，因此分块计算也可以充分利用有限的计算资源来提高计算效率。

电力系统本身所具有的分层分区结构也特别适合分块计算的应用。就信息传送而言，每一个地区电网只能收集到本地区系统内的信息，其中重要的信息将被传送到更高一级的调度中心。调度中心根据各地区传来的信息进行加工处理，将协调信息传送给各地区电力系统的调度中心。分块计算适应了这一分层调度的要求[3]。

5.2　支路切割法简介

如果在一个给定的电力系统网络中选择部分支路，将这些支路切割开（从网络中移去），此时原网络就变成几个相互独立的子网络。我们把这些支路称为切割支路。如果我们把这些支路用电流源代替，电流源的电流等于支路上原有电流，则原来用导纳矩阵 Y 描述的网络方程可用下面的形式表示：

$$Y_{\mathrm{d}}\overline{U} = \overline{I} - Mi_{\mathrm{L}} \qquad (5-1)$$

式中：i_{L} 为切割线支路上的电流列矢量；M 为节点支路关联矩阵中提取切割支路有关的列矢量；Y_{d} 为移去切割支路后的网络的节点导纳矩阵，是分块对角矩阵，每块对应一个子网络。

可用图 5-1 来说明。原网络图 5-1（a）中联络线电流可用图 5-1（b）所示的电流源代替，这一电流源最后用图 5-1（c）的节点注入电流代替，于是原网络分解成两个独立的子网络。如果联络线电流可求出，则每个子网络的内部电量很容易求出。

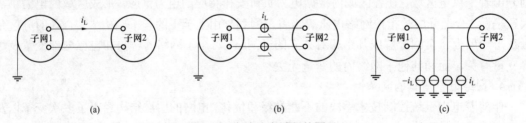

图 5-1　支路移去过程的图示

（a）联络线电流；（b）用等值电源代替；（c）用注入电流替代

利用欧姆定律，切割线上的电流和切割线两端节点之间的电位差有下面关系：

$$y_{\mathrm{L}}^{-1} i_{\mathrm{L}} = M^{\mathrm{T}}\overline{U} \qquad (5-2)$$

y_{L} 是切割支路导纳矩阵。将式（5-1）和式（5-2）放到一起，写成分块矩阵方程的形式有

$$\begin{bmatrix} Y_{\mathrm{d}} & M \\ M^{\mathrm{T}} & -y_{\mathrm{L}}^{-1} \end{bmatrix}\begin{bmatrix} \overline{U} \\ i_{\mathrm{L}} \end{bmatrix} = \begin{bmatrix} \overline{I} \\ 0 \end{bmatrix} \qquad (5-3)$$

Y_d 是块对角矩阵。如果支路移去后网络被分成 K 个子网络，则式（5-3）的详细表达式是

$$\begin{bmatrix} Y_{11} & & & & M_1 \\ & Y_{22} & & & M_2 \\ & & \ddots & & \vdots \\ & & & Y_{KK} & M_K \\ M_1^T & M_2^T & \cdots & M_K^T & -y_L^{-1} \end{bmatrix} \begin{bmatrix} \bar{U}_1 \\ \bar{U}_2 \\ \vdots \\ \bar{U}_K \\ i_L \end{bmatrix} = \begin{bmatrix} \bar{I}_1 \\ \bar{I}_2 \\ \vdots \\ \bar{I}_K \\ 0 \end{bmatrix} \tag{5-4}$$

如果已知切割线电流 i_L，则各子系统节点电压易由式（5-4）求出：

$$Y_{ii}\bar{U}_i = \bar{I}_i - Mi_L \quad (i=1,\cdots,K) \tag{5-5}$$

可见 i_L 是关键变量，它也是支路切割法中的协调变量。而 i_L 可由式（5-4）中保留 i_L，消去其余所有变量求出，推导如下：

$$\begin{cases} -y_L^{-1} - [M_1^T M_2^T \cdots M_K^T] \begin{bmatrix} Y_{11} & & & \\ & Y_{22} & & \\ & & \ddots & \\ & & & Y_{KK} \end{bmatrix}^{-1} \begin{bmatrix} M_1 \\ M_2 \\ \vdots \\ M_K \end{bmatrix} \end{cases} \tag{5-6}$$

$$i_L = 0 - [M_1^T M_2^T \cdots M_K^T] \begin{bmatrix} Y^{11} & & & \\ & Y_{11} & & \\ & & \ddots & \\ & & & Y_{KK} \end{bmatrix}^{-1} \begin{bmatrix} \bar{I}_1 \\ \bar{I}_2 \\ \vdots \\ \bar{I}_K \end{bmatrix}$$

上式可写成

$$(y_L^{-1} + M^T Y_d^{-1} M) i_L = M^T Y_d^{-1} \bar{I} \tag{5-7}$$

也可写成

$$(y_L^{-1} + \sum_{i=1}^K M_i^T Y_{ii}^{-1} M_i) i_L = \sum_{i=1}^K M_i^T Y_{ii}^{-1} \bar{I}_i \tag{5-8}$$

则可用式（5-8）计算 i_L，这里只需要求解阶次较低的矩阵 Y_{ii} 的逆。

观察式（5-8），其中相当于把切割支路移去，在剩下的网络中，从切割支路两端组成的节点对看进去所看到的节点对端口自阻抗。

可见，网络分块计算算法，其实质是将大网络分割成若干个较小子网络，然后分别求解每个小网络在边界的等值网，利用研究区域模型、分割支路以及其他区域的等值，得到反映全网的降阶的数学模型来研究问题。同时可以看出，采用该方法，为计算机的多处理机以及多线程提供了可能。

很明显，切割支路移去后的网络如果不连通，例如某子网络没有接地支路即子网络"浮空"，这时节点对组成的端口自阻抗可能变成无穷大，换句话说，该子网络的 Y_{ii} 奇异，这种情况应特殊处理。针对这一情况，文献 3 介绍广义支路切割法进行处理，具体参见文献 [3]。本文将会介绍更为方便、实用的手段来解决该问题。

对于一个实际的大电网，要采用支路分割法来进行分析计算，都要做哪些工作呢？现在以图 5-2 的示例进行说明，实现步骤如下：

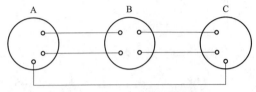

图 5-2 分区示例说明

5.3.1 基于实际区域进行分块

首先针对全网元件，根据电网管理辖区进行区域识别：

（1）普通区域：A、B、C<含边界母线>。

（2）特定区域：分割支路（边界线路、联络线）。

实际上，从数学模型的角度，只要各区域之间是互相解耦的网络，可以任意进行分区，但根据电网管理辖区分区更符合实际。

5.3.2 区域电网等值计算

5.3.2.1 节点编号

首先将各区域进行节点编号，并得到全网连续节点编号，得到全网的连接关系：

A：$1 \sim N_1$

B：$N_1+1 \sim N_2$

C：$N_2+1 \sim N_3$

……

K：$N_{k-1}+1 \sim N_k$

5.3.2.2 各区域在边界等值的计算

要计算区域在边界的等值，以图 5-3 来进行示意说明，对区域 i：

计算区域 i 在边界节点 m 的等值阻抗，以及在边界节点 m、n 之间的等值链支，则令 $A=$（Y_{BBi} 中节点 m 的自导纳+$\sum Y_{BBi}$ 中节点 m 与其他边界节点的互导纳），令 $B=-Y_{BBi}$ 中两节点 m、n 之间的互导纳，则该区域在节点 m 的等值系统阻抗=$1/A$，该区域在节点 m、n 之间的等值链支阻抗= $1/B$。显然，利用该方法，即可求得各区域在各边界点的等值。

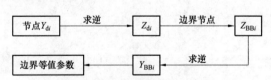

图 5-3 区域等值计算示意图

Y_{di}—不计分割支路的区域 i 的节点导纳矩阵；

Z_{di}—不计分割支路的区域 i 的节点阻抗矩阵；

Z_{BBi}—区域 i 的节点阻抗矩阵中与边界

有关节点元素组成的矩阵；Y_{BBi}—Z_{BBi} 的逆阵

5.3.3 研究模型

这样，根据在整定系统的具体应用及研究对象，可以利用研究区域、分割支路、边界母线、新联络线构成了的降阶小模型来反映整个网络。

如要计算区域 A 的电流最值，可以用图 5-4 的网络来模拟。面向整定计算系统的短路计算，一般采用节点阻抗模型来计算。设大型互联电网包括 k 个区域电网，每个区域电网包括 n 个节点，则各区域电网序网阻抗矩阵存储规模的总和为 kn^2，如果不考虑在各区域中重复出现的边界节点数，则互联电网的节点数为 kn，从而其序网阻抗矩阵的存储规模为 k^2n^2，显然，区域电网越多，按区域电网组织数据的方式其在阻抗矩阵存储规模方面的优越性越大。由于分成了小网络，这样既真实地反映了全网，保证了计算的正确性，又大大缩小了研究模型的规模，极大地提高了运算速度。

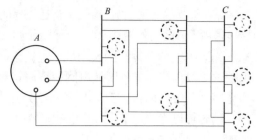

图 5-4　研究模型网络

5.3.4　多线程技术

如果要计算全网的整定参数，可以将区域 A、B、C 分别作为当前研究对象来进行计算，可以采用多计算机来进行并行计算。因为并行计算在实际应用中受计算机条件的限制，所以采用不多，一般还是串行地模拟并行电网计算。即使这样，由于采用降阶模型来研究问题，对于大网来说，极大地降低了计算的规模，显著提高了计算速度。

在实际应用中我们发现，针对大电网的计算，产生的数据量巨大，数据的存储占有时间与计算时间相当；另外，虽然计算对 CPU 资源占有率非常大，一般为 97% 左右，而保存数据时，对 CPU 资源的占有量非常小。这样，虽然我们串行地计算多个区域，但是仍可以合理采用多线程来提高运算速度，实现方式：采用两个线程，合理分配 CPU 资源，将 CPU 资源绝大多数分给计算线程，而数据保存却另开线程来实现。因此，合理采用多线程技术，速度几乎提高了 50%。

5.4　特殊问题处理

采用分区计算研究一个实际的大型跨区域电网，在实际中，各个子网络即区域电网难免因去掉分割支路出现孤立元件的情况。以江苏实际电网为例，三堡、徐塘属于徐州区域，三汊弯属于南京，上河属于淮安，而双泗属于宿迁，如图 5-5 所示。当采用分区算法来计算时，首先应计算

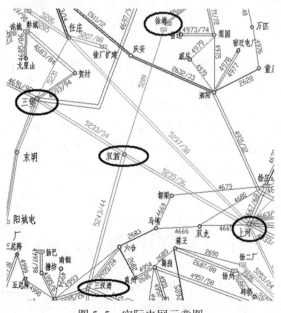

图 5-5　实际电网示意图

各区域在边界的等值，当计算区域宿迁边界的等值时，其边界双泗与宿迁内部各元件无任何联系。这样，由于分区引入孤立元件，无法获到宿迁区域在边界的等值，则分区算法无法采用。

为了扩大分区算法的实用性，无论该区域是否存在分区引入的孤立元件，均采用如下通用处理手段：在计算各区域电网等值时，对于各区域的边界母线，在每一个边界母线增加一个无穷小系统（阻抗无穷大）来避免分区引入孤立元件。

同时可以看出，采用该方法也解决了子网络的"浮空"问题，相比广义切割法[3]，该方法更加实用，程序实现更加简单。

5.5　计算速度对照表

基于 Visual Studio 2005，采用 SQL Server 等主流数据库开发了中调电网继电保护整定计算管理系统，核心计算部分应用了文中介绍的分块技术。相比未采用分块技术的旧程序，软件运算速度得到了极大提高，计算速度对照表见表 5-1。

表 5-1　　　　　　　　　　　　计 算 速 度 对 照 表

项　　目	节点：1890		结　　论
	采用分块技术前	采用分块技术后	
一次故障计算所需时间	5s	<1s	采用分块技术后，运算速度得到极大提高，特别是对于耗时较多的全网整定参数（电流最值、分支系数）计算，运算速度有了数量级的提高
计算一根支路电流最值所需时间	100s	20s	
计算一根支路分支系数所需时间	52s	12s	
计算全网电流最值时间	13.3h	1.2h	
计算全网分支系数时间	6.6h	0.6h	

注　1. 计算一根支路的电流最值，基于某一方式，考虑在本线末各条支路的轮流检修情况下，在本支路末端、相邻支路末端、背侧母线、背侧母线出线发生相间短路、接地短路故障时流过保护安装处的电流值。

　　2. 计算一根支路对相邻线路的分支系数，基于某一方式，考虑本线末各条支路的轮流检修情况下，本支路对相邻线路的分支系数。

5.6　小结

利用文中的方法，开发的整定计算软件系统已成功用于江苏电网的实际整定应用中。由于采用分区算法，计算速度取得了质的飞跃。针对江苏电网近 2000 个节点系统，计算全网的整定参数（电流最值与分支系数），未采用分块技术方法计算一次大约需要 20h，这么长时间，在大型电力网络中整定软件表现为不可用；而相同的计算机配置，采用分区算法仅需要 2h 左右。分块计算方法为大型电力网络的计算创造了重要前提，本文介绍的实用化方法对分块技术在大型电力网络的开发应用具有重要参考价值。

5.7　参考文献

[1] 梅生伟，薛安成，张雪敏. 电力系统自组织临界特性与大电网安全 [M]. 北京：清华大学出版社，2009.

[2] 张军. 关于电网分层分区供电方案的研究 [J]. 中国高新技术企业，2008，24：105.

[3] 张伯明，陈寿孙. 高等电力网络分析 [M]. 北京：清华大学出版社，1996.

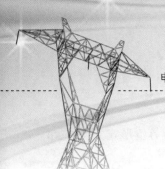

第 **6** 章

地区电网的供电方式

6.1　地区电网特点

中、低压地区电网电压等级多样化，可能同时具有 220kV 电压等级和 110kV 及以下电压等级，两种电网在网络结构、整定原则和管理方式等方面都有较大的差异[1]。其集中体现在：

（1）在运行方式上，同时存在环网运行和开环运行，这对求取极端运行方式带来极大挑战；系统自动搜索电源点，在每一电源点下设置供电路径。

（2）地区电网存在较多的不规则接线形式，如多重 T 接线路/变压器、多重互感线路、开闭所等给拓扑识别、整定配合增加了一定的难度。

（3）各地区电网结构特点不同，整定人员所选用的整定原则不一定相同，整定原则也更灵活、丰富。

所有以上因素都使地区电网的整定计算更加繁杂，同时整定工作也表现出了更大的灵活性，这种复杂性和灵活性成为限制地区电网整定计算自动化水平提高的最重要因素。

6.2　网络模型及基本概念描述

6.2.1　网络模型

本网络模型数据取自继电保护故障分析整定管理及仿真系统，本系统是基于市区调集中式一体化模式应用。此应用模式的主要特点：全网统一模型；各公司在同一网络中分权限建模和维护本公司电网模型，并在此基础上进行计算和整定；为了减弱在集中式一体化应用模式下的相互影响，公司之间的相互影响通过外部等值系统来模拟，各公司间通过接受和发布等值来更新各外部系统的值[4]。

该市区调网络包括市调 220kV 电网（220kV 及以上环网）、市调辐射网、区调辐射网、区调配网。针对配网的特殊网络特点，一般采用台账模型，此部分不作为本文重点阐述内容。市、区调两级网络采用集中式一体化模式建立。其网络结构示意图如图 6-1 所示，其中交叉部分为不同网络的公共部分及相互等值。

由图 6-1 可以看出，在一体化应用模式中，需要考虑包含的不同特点的网络，基于分区思想，采用分层装载的办法来实现，不同网络之间的影响，通过等值系统来交互。由于 220kV 电网一般为环网，鉴于高压系统的环网计算方法基本成熟，因此，关键是要解决辐射网的计算。

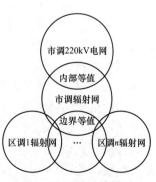

图 6-1　网络结构模型

6.2.2 基本概念描述

内部等值：市调 220kV 电网下发给市调辐射网的等值（一般以单点等值形式下发）；市调辐射网上报给市调 220kV 电网的等值。用外部等值系统描述。

边界等值：市调下发给区调的等值，区调上报给市调的等值和区调各公司之间发布的等值。用外部等值系统描述。

电源点：对于市调辐射网，市调 220kV 电网下发给市调辐射网的内部等值作为市调辐射网的电源点；对于区调辐射网，市调及其他区调各公司对该区调的边界等值为该区调辐射网的电源点。

供电运行方式：基于供电路径形成的运行方式，为系统运行方式的一种，供电路径上所有厂站及线路的运行方式的组合。

所属公司：设置外部等值系统属性时，其所属公司为系统等值数据的接收方。

指代公司：设置外部等值系统属性时，其指代公司为系统等值数据的发布方。

6.3　供电路径方案分析

6.3.1　设计思路

为了解决传统系统辐射网方式设置烦琐，方式组合过多且大部分无效的问题，提出设置供电路径的方案，从而提高一体化系统的计算效率和实用性。基于此，该方案的设计思路：

（1）在运行方式上，同时存在环网运行和开环运行，这对求取极端运行方式带来极大的挑战；系统自动搜索电源点，在每一电源点下设置供电路径。

（2）系统自动搜索电源点，在每一电源点下设置供电路径。

（3）根据人工设置的供电路径系统自动生成供电运行方式。

供电运行方式结合供电路径网络的特点，自动组合厂站和线路的运行方式，也可自行选择。

6.3.2　设置步骤

供电路径方案设置流程如图 6-2 所示，具体步骤如下。

1. 确定电源点

在一体化应用中，根据元件的调度属性确定元件的归属。实际应用中，并不需要将电网中所有的外部系统当作电源点加以分析。要确定某一公司的电源点，首先要确定该公司与其他公司的边界母线。其他公司等值到这些边界母线的外部系统当作电源点即可[2]。

具体规则如下：

（1）根据元件的调度权限，确定边界母线。对于当前研究公司的供电路径来说，边界母线为其他公司给该公司发布等值的母线。边界母线一般的确定规则：若某一公司母线，其进线属于其他公司，则此母线为其他公司等值到本公司的边界母线，此厂站为此公司电源点所在厂站；若出线所属为其他公司，则此母线为本公司等值到其他公司的边界母线，

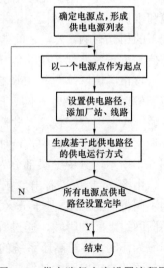

图 6-2　供电路径方案设置流程图

此厂站为出线所属公司电源点所在厂站，但不是当前研究公司的电源点。

（2）在一体化模型建立中，边界母线上添加外部等值系统，并确定所属公司和指代公司属性，所属公司为当前研究公司，指代公司为其他发布到该公司等值的公司。

（3）系统通过读取外部等值系统（所属公司为当前研究公司，指代公司为其他公司）生成电源点列表，供人工选择。

2. 人工设置供电路径

供电路径的设置原则：

（1）以电源点为起点，供电线路为路径，受电厂站为单位逐一设置。

（2）设置变电站供电路径时，只允许本变电站一回进线运行，对于多回进线，设置与进线数相同的供电路径（双回线除外）。

（3）对于双回线，在设置时允许双回线同时运行，系统将根据线路阻抗的大小自动分析出其运行方式的大、小。

3. 自动生成供电运行方式

系统根据所设供电路径，自动组合供电路径上所有厂站和双回线的运行方式，形成供电运行方式。

6.3.3 检修方式优化

根据辐射网运行的特点，站内变压器各母线分列运行，线路分别接在各母线上。厂站运行方式为各母线并列运行，大方式阻抗小的变压器运行，其他变压器检修，小方式阻抗大的变压器运行，其他变压器检修；对于线路运行方式，由于变电站变压器母线按并列设置，则对于双回线，大方式阻抗小的线路运行，另一线路检修，小方式阻抗大的线路运行，另一线路检修[3]。

辐射网的系统运行方式由厂站方式和线路方式组成，以供电路径为基础，供电路径中电网结构的特点：在某一确定的供电路径中，除双回线外不成环。所以系统自动形成供电路径的大、小方式如下（也可以自定义其他运行方式）。

1. 供电大方式

厂站：所有厂站大方式。

线路：对于双回线，阻抗小的支路运行，阻抗大的支路检修，其他线路正常运行。

2. 供电小方式

厂站：所有厂站小方式。

线路：对于双回线，阻抗大的支路运行，阻抗小的支路检修，其他线路正常运行。

由此可见，此方案在设置时只需考虑供电路径上厂站及线路的运行方式组合，优化了检修方式，从而大大减少了运行方式的组合数目，提高了系统计算效率。

6.3.4 模型加载

整定计算时，要形成描述网络模型的矩阵。传统方法载入全网的网络模型，形成支路阻抗阵，支路导纳阵，节点导纳阵和节点阻抗阵。由于规模较大且为矩阵运算，计算规模与网络规模的平方成正比，在一体化应用的大型网络下会导致运算极慢。而应用此供电路径模式，基于分区的基本思想，形成网络模型时仅载入当前供电路径内的模型。由于供电路径外的其他模型对当前供电路径的影响转换为了电源点（即等值系统），其阶数大大减少；同时，对同一供电路径下的不同方式靠修正矩阵实现，与传统计算方法相比，通过多次载入小模型的方法，内存占用量小，且计算速度快。

6.3.5　方案优势分析

此方案与传统方式设置相比，除了检修方式和计算方法上的优势外，针对辐射网的特殊运行情况，其优势还有以下几方面：

（1）解决了辐射网多电源供电的问题。当多电源分别向同一厂站供电时，整定计算时要考虑每个电源分别对其供电时极大极小运行方式，传统方法需分开绘制模型，而本方案是集中建模，利用供电路径就可以实现不同供电形式。

（2）解决了大电源转供问题。根据电网实际运行情况，一般一个大电源不应向别的大电源厂站供电，但是在特殊情况，需要考虑转供。传统方法没有考虑这种特殊运行情况，而应用本方案，利用供电路径中提供的大电源属性，记录转供电源，便可以解决大电源转供问题。

（3）避免了环网的产生。在供电路径的建立过程中，相比以电源为中心，自动搜索供电片区的方法，可从根本上避免环网的产生，从而避免人工解环。

6.4　实例分析

以某一实际电网模型为例，说明供电路径的设置方法，模型如图 6-3 所示。双矩形表示市调网络，矩形表示区调网络，其中实线框为区调 1，虚线框为区调 2，假设线路 1~17 所属为市调，线路 28、29 属于区调 2，其他线路全部属于区调 1，线路编号小的阻抗小，站内已设置好大方式和小方式。以计算 35kV 变电站 1 内的对象为例，说明文中的方案。边界线路 8~15 属于市调，市调对区调 1 的等值分别以单点等值等到区调 110kV 变电站 1、2、3 的 110kV 母线上；边界线路 30 属于区调 1，区调 2 对区调 1 的单点等值等到区调 35kV 变电

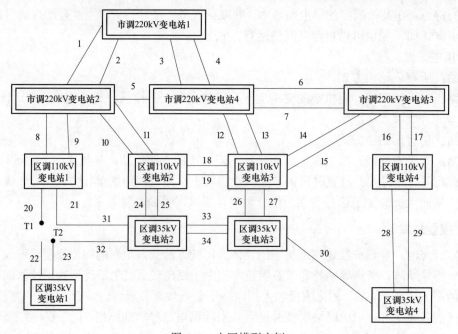

图 6-3　电网模型实例

站 4 的 35kV 母线上。在上述模型中，区调 110kV 变电站 1、2、3、区调 35kV 变电站 4 为区调 1 电源点所在厂站，所以对 35kV 变电站 1 的电源点所在厂站有：区调 110kV 变电站 1、2、3，区调 35kV 变电站 4。设置的供电路径方式见表 6–1。最后，基于供电路径，生成供电路径的大、小两种运行方式。由此可知，要获得 35kV 变电站 1 内的对象的最保守的两种方式（极大、极小方式），只需要考虑这 8 种方式即可。

详细内容见表 6–1。

表 6–1   35kV 变电站 1 的供电路径方式

电源点	供电路径	供电运行方式
区调 110kV 变电站 1	区调 110kV 变电站 1~20/21—T 节点 1/T 节点 2~22/23—区调 35kV 变电站 1	大方式：所有厂站大方式，双回线 20、22 运行，T 节点 1 运行； 小方式：所有厂站小方式，双回线 21、23 运行，T 节点 2 运行
区调 110kV 变电站 2	区调 110kV 变电站 2~24/25—区调 35kV 变电站 2~33/34—区调 35kV 变电站 3~31/32—T 节点 1/T 节点 2~22/23—区调 35kV 变电站 1	大方式：所有厂站大方式，双回线 22、31、24、33 运行，T 节点 1 运行； 小方式：所有厂站小方式，双回线 23、32、25、34 运行，T 节点 2 运行
区调 110kV 变电站 3	区调 110kV 变电站 3~26/27—区调 35kV 变电站 2~33/34—区调 35kV 变电站 2~31/32—T 节点 1/T 节点 2~22/23—区调 35kV 变电站 1	大方式：所有厂站大方式，双回线 22、31、26、33 运行，T 节点 1 运行； 小方式：所有厂站小方式，双回线 23、32、27、34 运行，T 节点 2 运行
区调 35kV 变电站 4	区调 35kV 变电站 4~30—区调 35kV 变电站 3~33/34—区调 35kV 变电站 2~31/32—T 节点 1/T 节点 2~22/23—区调 35kV 变电站 1	大方式：所有厂站大方式，双回线 22、31、33 运行，T 节点 1 运行； 小方式：所有厂站小方式，双回线 23、32、34 运行，T 节点 2 运行

如果应用传统方法，要穷尽所有方式，需要组合：

$$2×2+2×2×2×2+2×2×2×2×2+2×1×2×2×2×2=116（个）运行方式。$$

可以看出，采用供电路径方案，能够明显减少运行方式组合的数目；以供电路径方式为基础，极易快速计算出母线等值、分支系数、电流最值所需的大、小方式。另外，采用这一方案，解决了多电源供电和大电源转供的问题。

6.5   小结

针对一体化整定计算系统中辐射网运行方式组合问题，本文提出了人工设置供电路径系统自动生成供电运行方式的方案，此方案有效解决了辐射网多电源供电、大电源转供问题，使供电路径设置更加清晰，同时也避免了环网的形成，使检修方式和计算方法得到了优化，明显提高了系统整定计算的准确性和快速性，增加了系统的实用性。此方法已在多个地区的一体化整定计算系统中得到了很好的应用。

6.6   参考文献

［1］严琪. 地区电网继电保护整定及相关问题探讨［D］. 武汉：华中科技大学，2006.

［2］严琪，杨雄平，陈金富，等. 配电网继电保护整定计算中的运行方式搜索［J］. 继

电器，2005，33（21）：10–13.

　　［3］张锋，李银红，段献忠. 电力系统继电保护整定计算中运行方式的组合问题［J］. 继电器，2002，30（7）：23–26.

　　［4］周鼎，段理，石东源，等. 基于混合模式的继电保护整定计算一体化系统［J］. 电力系统及其自动化学报，2007，19（3）：109–112.

第 **7** 章

电力网络继电保护整定计算的基本原理

7.1 整定计算的一般规定

本规范在满足 DL/T 584—2007《3kV～110kV 电网继电保护装置运行整定规程》、DL/T 559—2007《220kV～500kV 电网继电保护装置运行整定规程》、DL/T 684—2012《大型发电机、变压器、继电保护整定计算导则》、GB/T 15544—1995《三相交流系统短路电流计算》、DL/T 755—2001《电力系统安全稳定导则》、GB/T 14285—2006《继电保护和安全自动装置技术规程》要求的基础上，总结了北京中恒博瑞数字电力科技有限公司长期积累的工作成果，参考了各省份的经验，并适当兼顾今后继电保护技术的发展，提出了采用计算机软件进行继电保护整定计算应满足的功能和技术要求。本技术规范中列出了常见的整定原则，具体整定时应按照有关规程并结合电网实际情况进行整定；本技术规范各种默认值仅作为推荐值，具体应用时应结合电网实际选用符合规程要求的数值。

7.2 相间距离保护整定计算原则

在本规范中，引入了测量阻抗的概念，用于 T 接保护阻抗的计算；对于非 T 接的普通线路，其测量阻抗就是线路阻抗，在描述中未明确区分。

测量阻抗：继电器的感受阻抗。

相间距离测量阻抗：

$$Z_{\text{CL.A}} = \frac{\bar{U}_\text{A} - \bar{U}_\text{B}}{\bar{I}_\text{A} - \bar{I}_\text{B}}, \quad Z_{\text{CL.B}} = \frac{\bar{U}_\text{B} - \bar{U}_\text{C}}{\bar{I}_\text{B} - \bar{I}_\text{C}}, \quad Z_{\text{CL.C}} = \frac{\bar{U}_\text{C} - \bar{U}_\text{A}}{\bar{I}_\text{C} - \bar{I}_\text{A}}$$

线路末端：既指本线末端，又指 T 接线路的末端。

相间距离保护为三段式。相间距离保护之间按金属性短路故障进行整定配合，不计及故障电阻的影响。

7.2.1 220kV 及以上相间距离保护整定原则

相间距离保护中应有对本线路末端故障有足够灵敏度的延时段保护，其灵敏系数应满足如下要求：50km 以下线路，不小于 1.45；50～100km 线路，不小于 1.4；100～150km 线路，不小于 1.35；150～200km 线路，不小于 1.3。

220kV 及以上相间距离保护整定计算见表 7-1。

表 7–1   **220kV 及以上相间距离保护整定**

名称	符号	定 值		动作时间	说明
		原则	公式		
相间距离Ⅰ段	$Z_{dz\,I}$	1. 躲本线路末端相间故障	$Z_{dz\,I} \leqslant K_k Z_L$ $K_k = 0.8 \sim 0.85$; Z_L 为线路末端故障至保护安装处的最小测量阻抗	$t_I = 0\text{s}$	参见220~750 整定规程
		2. 单回线送变压器终端方式,送电侧保护伸入受端变压器	$Z_{dz\,I} \leqslant K_k Z_L + K_b K_z Z'_T$ $K_k = 0.8 \sim 0.85$, 为可靠系数; $K_b \leqslant 0.7$; K_z 为本线对线末变压器的最小助增系数; Z'_T 为终端变压器的并联等值正序阻抗; Z_L 为线路末端故障至保护安装处的最小测量阻抗	$t_I \geqslant 0\text{s}$	
相间距离Ⅱ段	$Z_{dz\,II}$	1. 与相邻线路相间距离Ⅰ段配合	$Z_{dz\,II} \leqslant K_k Z_L + K'_k K_z Z'_{dz\,I}$ $K_k = 0.8 \sim 0.85$, 为可靠系数; $K'_k \leqslant 0.8$; K_z 为助增系数; $Z'_{dz\,I}$ 为相邻线路相间距离Ⅰ段定值; Z_L 为线路末端故障至保护安装处的最小测量阻抗	$t_{II} \geqslant \Delta t$	
		2. 本线路末端故障有足够灵敏度	$Z_{dz\,II} \geqslant K_{lm} Z_L$ $K_{lm} = 1.3 \sim 1.5$, 为灵敏系数; Z_L 为线路末端故障至保护安装处的最小测量阻抗		
		3. 躲变压器其他侧母线故障	$Z_{dz\,II} \leqslant K_k Z_L + K_b K_z Z'_T$ $K_k = 0.8 \sim 0.85$, 为可靠系数; $K_b \leqslant 0.7$; K_z 为本线对线末变压器的最小助增系数; Z'_T 为相邻变压器等值正序阻抗; Z_L 为线路末端故障至保护安装处的最小测量阻抗	$t_{II} \geqslant \Delta t$	
		4. 与相邻线路相间距离Ⅱ段配合	$Z_{dz\,II} \leqslant K_k Z_L + K'_k K_z Z'_{dz\,II}$ $K_k = 0.8 \sim 0.85$, 为可靠系数; $K'_k \leqslant 0.8$; K_z 为助增系数; $Z'_{dz\,II}$ 为相邻线路相间距离Ⅱ段定值; Z_L 为线路末端故障至保护安装处的最小测量阻抗; (假定 Z_L、$Z'_{dz\,II}$ 和 $Z_{dz\,II}$ 阻抗角相等)	$t_{II} \geqslant t'_{II} + \Delta t$ t'_{II} 为相邻线路距离Ⅱ段动作时间	
相间距离Ⅲ段	Z_{dzIII}	1. 与相邻线路相间距离Ⅱ段配合	$Z_{dzIII} \leqslant K_k Z_L + K'_k K_z Z_{dz\,II}$ $K_k = 0.8 \sim 0.85$, 为可靠系数; $K'_k \leqslant 0.8$; K_z 为助增系数; $Z'_{dz\,II}$ 为相邻线路相间距离Ⅱ段定值; Z_L 为线路末端故障至保护安装处的最小测量阻抗	保护范围不伸出相邻变压器其他各侧母线时: $t_{II} \geqslant t'_{II} + \Delta t$ 保护范围伸出相邻变压器其他侧母线时: $t_{II} \geqslant t'_T + \Delta t$	t'_{II} 为相邻线路重合后不经振荡闭锁的距离Ⅱ段动作时间; t'_T 为相邻变压器相间短路后备保护动作时间

名称	符号	定 值		动作时间	说明
		原则	公 式		
相间距离 III 段	Z_{dzIII}	2. 与相邻变压器相间短路后备保护配合	$$Z_{dzIII} \leqslant K_k\left(K_bK_z\frac{U_\varphi - \Phi_{min}}{2I'_{dz}} - Z_c\right)$$ $K_k = 0.8 \sim 0.85$,为可靠系数; $K_b \leqslant 0.7$; K_z 为本线路对线末变压器的最小助增系数; I'_{dz} 为相邻变压器相间短路后备保护定值; $U_\varphi - \Phi_{min}$ 为电网运行最低线电压; Z_c 为背侧系统等效阻抗	$t_{III} \geqslant t'_T + \Delta t$ t'_T 为相邻变压器相间短路后备保护动作时间	
		3. 与相邻线路距离 III 段配合	$$Z_{dzIII} \leqslant K_kZ_L + K'_kK_zZ'_{dzIII}$$ $K_k = 0.8 \sim 0.85$,为可靠系数; $K'_k \leqslant 0.8$; K_z 为助增系数; Z'_{dzIII} 为相邻线路相间距离 III 段定值; Z_L 为线路末端故障至保护安装处的最小测量阻抗	$t_{III} \geqslant t'_{III} + \Delta t$ t'_{III} 为相邻变压器线路距离 III 段动作时间	
		4. 躲最小负荷阻抗	$$Z_{dzIII} \leqslant K_kZ_{FH}$$ $K_k \leqslant 0.7$,为可靠系数; Z_{FH} 按实际可能最不利的系统频率下阻抗元件所见到的事故过负荷最小负荷阻抗(应配合阻抗元件的实际动作特性进行检查)整定		

7.2.2 110kV 及以下相间距离保护整定原则

相间距离 II 段阻抗定值对本线路末端相间金属性故障的灵敏系数应满足如下要求:

20km 以下线路,不小于 1.5;20~50km 线路,不小于 1.4;50km 以上的线路不小于 1.3;110kV 及以下相间距离保护整定见表 7–2。

表 7–2　　　　　　　　110kV 及以下相间距离保护整定表

名称	符号	定 值		动作时间	说明
		原则	公 式		
相间距离 I 段	Z_{dzI}	1. 躲本线路末端相间故障	$Z_{dzI} \leqslant K_kZ_L$; $K_k = 0.8 \sim 0.85$; Z_L 为线路末端故障至保护安装处的最小测量阻抗	$t_I = 0s$	
		2. 单回线送变压器终端方式,送电侧保护伸入受端变压器	$$Z_{dzI} \leqslant K_kZ_L + K_bK_zZ'_T$$ $K_k = 0.8 \sim 0.85$,为可靠系数; $K_b \leqslant 0.7$; K_z 为本线对线末变压器的最小助增系数; Z'_T 为终端变压器的并联等值正序阻抗; Z_L 为线路末端故障至保护安装处的最小测量阻抗	$t_I = 0s$	

名称	符号	定值		动作时间	说明
		原则	公式		
相间距离Ⅱ段	$Z_{dzⅡ}$	1. 与相邻线路相间距离Ⅰ段配合	$Z_{dzⅡ} \leq K_k Z_L + K_k' K_z Z_{dzⅠ}'$ $K_k = 0.8 \sim 0.85$，为可靠系数； $K_k' \leq 0.8$； K_z 为助增系数； $Z_{dzⅠ}'$ 为相邻线路相间距离Ⅰ段定值； Z_L 为线路末端故障至保护安装处的最小测量阻抗	$t_Ⅱ \geq \Delta t$	
		2. 本线路末端故障有足够灵敏度	$Z_{dzⅡ} \geq K_{lm} Z_L$ $K_{lm} = 1.3 \sim 1.5$，为灵敏系数； Z_L 为线路末端故障至保护安装处的最小测量阻抗	动作时间按配合关系整定	
		3. 躲变压器其他侧母线故障	$Z_{dzⅡ} \leq K_k Z_L + K_b K_z Z_T'$ $K_k = 0.8 \sim 0.85$，为可靠系数； $K_b \leq 0.7$； K_z 为本线路对线末变压器的最小助增系数； Z_T' 为相邻变压器正序阻抗； Z_L 为线路末端故障至保护安装处的最小测量阻抗	$t_Ⅱ \geq \Delta t$	
		4. 与相邻线路相间距离Ⅱ段配合	$Z_{dzⅡ} \leq K_k Z_L + K_k' K_z Z_{dzⅡ}'$ $K_k = 0.8 \sim 0.85$，为可靠系数； $K_k' \leq 0.8$； K_z 为助增系数； $Z_{dzⅡ}'$ 为相邻线路相间距离Ⅱ段定值； Z_L 为线路末端故障至保护安装处的最小测量阻抗 （假定 Z_L、$Z_{dzⅡ}'$ 和 $Z_{dzⅡ}$ 阻抗角相等）	$t_Ⅱ \geq t_Ⅱ' + \Delta t$ $t_Ⅱ'$ 为相邻线路距离Ⅱ段动作时间	
相间距离Ⅲ段	$Z_{dzⅢ}$	1. 与相邻线路相间距离Ⅱ段配合	$Z_{dzⅢ} \leq K_k Z_L + K_k' K_z Z_{dzⅡ}'$ $K_k = 0.8 \sim 0.85$，为可靠系数； $K_k' \leq 0.8$； K_z 为助增系数； $Z_{dzⅡ}'$ 为相邻线路相间距离Ⅱ段定值； Z_L 为线路末端故障至保护安装处的最小测量阻抗	保护范围不伸出相邻变压器其他各侧母线时： $t_Ⅲ \geq t_Ⅱ' + \Delta t$ 保护范围伸出相邻变压器其他侧母线时： $t_Ⅲ \geq t_T' + \Delta t$	
		2. 与相邻变压器过流保护时间配合		$t_Ⅲ \geq t_T' + \Delta t$ t_T' 为相邻变过流保护的动作时间	
		3. 与相邻线路距离Ⅲ段配合	$Z_{dzⅢ} \leq K_k Z_L + K_k' K_z Z_{dzⅢ}'$ $K_k = 0.8 \sim 0.85$，为可靠系数； $K_k' \leq 0.8$； K_z 为助增系数； $Z_{dzⅢ}'$ 为相邻线路相间距离Ⅲ段定值； Z_L 为线路末端故障至保护安装处的最小测量阻抗	$t_Ⅲ \geq t_T' + \Delta t$ $t_Ⅲ'$ 为相邻变线路距离Ⅲ段动作时间	

名称	符号	定　值		动作时间	说明
		原则	公　式		
相间距离Ⅲ段	$Z_{dzⅢ}$	4. 躲最小负荷阻抗	$$Z_{dzⅢ} \leqslant K'_k Z'_{FH}$$ $K'_k \leqslant 0.7$，为可靠系数； Z'_{FH} 按实际可能最不利的系统频率下阻抗元件所见到的事故过负荷最小负荷阻抗（应配合阻抗元件的实际动作特性进行检查）整定		

<h3>7.3　接地距离保护整定计算原则</h3>

在本规范中，引入了测量阻抗的概念，用于 T 接保护阻抗的计算；对于非 T 接的普通线路，其测量阻抗就是线路阻抗，在描述中未明确区分。

定义：

测量阻抗：继电器的感受阻抗。

接地距离测量阻抗：$Z_{CL.\varphi} = \dfrac{\overline{U}_\varphi}{\overline{I}_\varphi + K3\overline{I}_0}$，其中 $\varphi = A,B,C$，$K = \dfrac{Z_0 - Z_1}{3Z_1}$。

线路末端：既指本线末端，又指 T 接线路的末端。

7.3.1　220kV 及以上接地距离保护整定原则

接地距离保护中应对本线路末端有灵敏度的延时段保护，其灵敏系数要求如下：

50km 以下线路，不小于 1.45；50～100km 线路，不小于 1.4；100～150km 线路，不小于 1.35；100～200km 线路，不小于 1.3；200km 以上线路，不小于 1.25。

220kV 及以上接地距离保护整定计算见表 7-3。

表 7-3　　　　　　　　　　220kV 及以上接地距离保护整定计算

名称	符号	定　值		动作时间	说明
		原则	公　式		
接地距离Ⅰ段	$Z_{dzⅠ}$	1. 躲本线路末端故障	$$Z_{dzⅠ} \leqslant K_k Z_L$$ $K_k \leqslant 0.7$； Z_L 为线路末端故障至保护安装处的最小测量阻抗	$t_Ⅰ = 0s$	参见220～750kV 整定规程
		2. 单回线送变压器终端方式，送电侧保护伸入受端变压器	$$Z_{dzⅠ} \leqslant K_k Z_L + K_b K_z Z'_T$$ $K_k = 0.8 \sim 0.85$； $K_b \leqslant 0.7$； Z'_T 为线路末端变压器的正序阻抗； Z_L 为线路末端故障至保护安装处的最小测量阻抗； K_z 为线路末端变压器的最小助增系数	$t_Ⅰ \geqslant 0s$	

名称	符号	定值		动作时间	说明
		原则	公式		
接地距离Ⅱ段	$Z_{dzⅡ}$	1. 按本线路末端接地故障有足够灵敏度	$Z_{dzⅡ} \geqslant K_{lm}Z_L$ $K_{lm}=1.3\sim1.5$，为灵敏系数； Z_L 为线路末端故障至保护安装处的最小测量阻抗		
		2. 与相邻线路接地距离Ⅰ段配合	$Z_{dzⅡ} \leqslant K_kZ_L + K'_kK_zZ'_{dzⅠ}$ $K_k=0.7\sim0.8$，为可靠系数； $K'_k \leqslant 0.8$； K_z 为助增系数； $Z'_{dzⅠ}$ 为相邻线路接地距离Ⅰ段定值； Z_L 为线路末端故障至保护安装处的最小测量阻抗	$t_Ⅰ=1.0s$	
		3. 与相邻线路纵联保护配合整定，躲相邻线路末端接地故障	$Z_{dzⅡ} \leqslant K_kZ_L + K'_kK_zZ'_L$ $K_k=0.7\sim0.8$，为可靠系数； $K'_k \leqslant 0.8$； K_z 为助增系数（选用正序助增系数与零序助增系数的较小者）； Z'_L 为相邻线路正序阻抗； Z_L 为线路末端故障至保护安装处的最小测量阻抗	$t_Ⅰ=1.0s$	
		4. 与相邻线路零序电流Ⅰ（Ⅱ）段配合（只考虑单相接地故障）	$Z_{dzⅡ} \leqslant K_kZ_L + K'_kK_zZ'_L$ $K_k=0.7\sim0.8$，为可靠系数； $K'_k \leqslant 0.8$； K_z 为助增系数； Z'_L 为相邻线路零序Ⅰ（Ⅱ）断保护范围末端对应的正序阻抗； Z_L 为线路末端故障至保护安装处的最小测量阻抗	$t_Ⅰ=1.0s$ 或 $t_Ⅱ \geqslant t'_Ⅱ + \Delta t$ $t'_Ⅱ$ 为相邻线路零序电流Ⅱ段保护动作时间；Δt 为时间级差	
		5. 与相邻线路接地距离Ⅱ段配合	$Z_{dzⅡ} \leqslant K_kZ_L + K'_kK_zZ'_{dzⅡ}$ $K_k=0.7\sim0.8$，为可靠系数； $K'_k \leqslant 0.8$； K_z 为助增系数； $Z'_{dzⅡ}$ 为相邻线路接地距离Ⅱ段定值； Z_L 为线路末端故障至保护安装处的最小测量阻抗	$t_Ⅱ \geqslant t'_Ⅱ + \Delta t$ $t'_Ⅱ$ 为相邻线路零序电流Ⅱ段保护动作时间	
		6. 躲变压器另一侧母线三相短路	$Z_{dzⅡ} \leqslant K_kZ_L + K_bK_zZ'_T$ $K_k=0.7\sim0.8$，为可靠系数； $K_b \leqslant 0.8$； K_z 为助增系数； Z'_T 为相邻线变压器正序阻抗； Z_L 为线路末端故障至保护安装处的最小测量阻抗	$t_Ⅱ=1.0s$	

名称	符号	定　值		动作时间	说明
		原则	公　式		
接地距离Ⅱ段	$Z_{dzⅡ}$	7. 躲变压器其他侧（大电流接地系统）母线接地故障	a）单相接地故障：$Z_{dzⅡ} \leqslant K_k \dfrac{E + 2U_2 + U_0}{2I_1 + (1+3K)I_0}$ $K_k = 0.7 \sim 0.8$，为可靠系数； b）两相接地故障：$Z_{dzⅡ} \leqslant K_k \dfrac{a^2 U_1 + aU_2 + U_0}{a^2 I_1 + aI_2(1+3K)I_0}$ $K_k = 0.7 \sim 0.8$，为可靠系数； U_1、U_2、U_0 和 I_1、I_2、I_0 为变压器其他侧母线接地故障时在继电器安装处测得的各相序电压和相序电流； E 为发电机等值电势，可取额定值	$t_Ⅱ = 1.0\text{s}$	
接地距离Ⅲ段	$Z_{dzⅢ}$	1. 按本线路末端接地故障有足够灵敏度整定	$Z_{dzⅢ} \geqslant K_{lm} Z_L$ $K_{lm} = 1.3 \sim 3.0$，为灵敏系数； Z_L 为线路末端故障至保护安装处的最小测量阻抗	$t_Ⅱ \geqslant 1.5\text{s}$	
		2. 与相邻线路接地距离Ⅱ段配合	$Z_{dzⅢ} \leqslant K_k Z_L + K'_k K_z Z'_{dzⅡ}$ $K_k = 0.7 \sim 0.8$，为可靠系数； $K'_k \leqslant 0.8$； K_z 为助增系数； $Z'_{dzⅡ}$ 为相邻线路接地距离Ⅱ段定值； Z_L 为线路末端故障至保护安装处的最小测量阻抗	$t_Ⅲ \geqslant t'_Ⅱ + \Delta t$ $t'_Ⅱ$ 为相邻线路接地距离Ⅱ段动作时间	
		3. 与相邻线路接地距离Ⅲ段配合	$Z_{dzⅢ} \leqslant K_k Z_L + K'_k K_z Z'_{dzⅢ}$ $K_k = 0.7 \sim 0.8$，为可靠系数； $K'_k \leqslant 0.8$； K_z 为助增系数； $Z'_{dzⅢ}$ 为相邻线路接地距离Ⅲ段动作阻抗； Z_L 为线路末端故障至保护安装处的最小测量阻抗	$t_Ⅲ \geqslant t'_Ⅱ + \Delta t$ $t'_Ⅱ$ 为相邻线路接地距离Ⅱ段动作时间	
		4. 躲最小负荷阻抗	$Z_{dzⅢ} \leqslant K_k Z_{FH}$ $K'_k \leqslant 0.7$，为可靠系数； Z_{FH} 按实际可能最不利的系统频率下阻抗元件所见到的事故过负荷最小负荷阻抗（应配合阻抗元件的实际动作特性进行检查）整定		

注　方向阻抗继电器的最大灵敏角整定，一般等于被保护元件的正序回路阻抗角。

7.3.2　110kV 及以下接地距离保护整定原则

接地距离保护中应对本线路末端相间金属性故障的灵敏系数应满足如下要求：

20km 以下线路，不小于 1.5；20～50km 线路，不小于 1.4；50km 以上的线路，不小于 1.3。110kV 及以下接地距离保护整定原则见表 7–4。

表 7-4   **110kV 及以下接地距离保护整定原则**

名称	符号	定 值		动作时间	说明
		原则	公 式		
接地距离 I 段	Z_{dzI}	1. 躲本线路末端相间故障	$Z_{dzI} \leq K_k Z_L$ $K_k \leq 0.7s$ Z_L 为线路末端故障至保护安装处的最小测量阻抗	$t_I = 0s$	
		2. 单回线送变压器终端方式,送电侧保护伸入受端变压器	$Z_{dzI} \leq K_k Z_L + K_b K_z Z_T'$ $K_k = 0.8 \sim 0.85$; $K_b \leq 0.7s$ K_z 为本线对线末变压器的最小助增系数; Z_L 为线路末端故障至保护安装处的最小测量阻抗; Z_T' 为线末变压器的正序阻抗	$t_I \geq 0s$	
接地距离 II 段	Z_{dzII}	1. 与相邻线路相间距离 I 段配合	$Z_{dzII} \leq K_k Z_L + K_k' K_z Z_{dzI}'$ $K_k = 0.7 \sim 0.8$,为可靠系数; $K_k' \leq 0.8$; K_z 为助增系数; Z_{dzI}' 为相邻线路接地距离 I 段定值; Z_L 为线路末端故障至保护安装处的最小测量阻抗	$t_{II} \geq t_I' + \Delta t$ t_I' 为相邻线路接地距离 I 段动作时间;Δt 为时间级差	
		2. 本线路末端故障有足够灵敏度	$Z_{dzII} \geq K_{lm} Z_L$ $K_{lm} = 1.3 \sim 1.5$,为灵敏系数; Z_L 为线路末端故障至保护安装处的最小测量阻抗	动作时间按配合关系整定	
		3. 与相邻线路相间距离 II 段配合	$Z_{dzII} \leq K_k Z_L + K_k' K_z Z_{dzII}'$ $K_k = 0.7 \sim 0.8$,为可靠系数; $K_k' \leq 0.8$; K_z 为助增系数; Z_{dzII}' 为相邻线路接地距离 II 段定值; Z_L 为线路末端故障至保护安装处的最小测量阻抗	$t_{II} \geq t_{II}' + \Delta t$ t_{II}' 为相邻线路接地距离 II 段动作时间;Δt 为时间级差	
		4. 校核与变压器其他侧母线故障的配合	$Z_{dzIII} \leq K_k Z_L + K_k' K_z Z_T'$ $K_k = 0.7 \sim 0.8$,为可靠系数; $K_k' \leq 0.8$; K_z 为助增系数; Z_T' 为相邻变压器并联正序等值阻抗; Z_L 为线路末端故障至保护安装处的最小测量阻抗	动作时间按配合关系整定	
接地距离 III 段	Z_{dzIII}	1. 与相邻线路相间距离 II 段配合	$Z_{dzIII} \leq K_k Z_L + K_k' K_z Z_{dzII}'$ $K_k = 0.7 \sim 0.8$,为可靠系数; $K_k' \leq 0.8$; K_z 为助增系数; Z_{dzII}' 为相邻线路接地距离 II 段定值; Z_L 为线路末端故障至保护安装处的最小测量阻抗	$t_{II} \geq t_{II}' + \Delta t$ t_{II}' 为相邻线路接地距离 II 段动作时间;Δt 为时间级差	

名称	符号	定 值		动作时间	说明
		原则	公式		
接地距离Ⅲ段	$Z_{\text{dzⅢ}}$	2. 与相邻线路距离Ⅲ段配合	$Z_{\text{dzⅢ}} \leqslant K_k Z_L + K_k' K_z Z_{\text{dzⅢ}}'$ $K_k = 0.7\sim0.8$，为可靠系数； $K_k' \leqslant 0.8$； K_z 为助增系数； $Z_{\text{dzⅡ}}'$ 为相邻线路接地距离Ⅲ段定值； Z_L 为线路末端故障至保护安装处的最小测量阻抗	$t_Ⅲ \geqslant t_Ⅲ' + \Delta t$ $t_Ⅲ'$ 为相邻线路接地距离Ⅲ段动作时间；Δt 为时间级差	
		3. 躲最小负荷阻抗	$Z_{\text{dzⅢ}} \leqslant K_k Z_{\text{FH}}'$ $K_k' \leqslant 0.7$，为可靠系数； Z_{FH}' 按实际可能最不利的系统频率下阻抗元件所见到的事故过负荷最小负荷阻抗（应配合阻抗元件的实际动作特性进行检查）整定；	动作时间按配合关系整定	

7.4 零序电流保护整定计算原则

零序电流保护一般为四段式，根据电网的实际运行情况，零序电流保护配置可适当简化。如仅保留防高阻接地故障的零序Ⅳ段，其余三段取消，或仅采用反时限零序电流保护：也可采用两段式零序电流保护。

零序电流保护在常见运行方式下，应有对本线路末端金属性接地故障时的灵敏系数满足下列要求的延时段（如四段式中的第Ⅲ段）保护：

50km 以下线路，不小于 1.5；50～200km 线路，不小于 1.4；200km 以上线路，不小于 1.3。

7.4.1 220kV 及以上零序电流保护整定原则

1. 按实现单相重合闸的线路零序电流保护整定计算（见表 7-5）

表 7-5　　　　　　　　实现单相重合闸的线路零序电流保护整定计算

名称	符号	定 值		动作时间	说明
		原则	公式		
零序电流Ⅰ段	$I_{\text{0dz 1}}$	1. 躲过本线路末端故障的最大零序电流	$I_{\text{dz 1}} \geqslant 3K_k I_{0\max}$ $K_k \geqslant 1.3$，可靠系数； $I_{0\max}$ 为本线路末端故障最大零序电流	$t_1 = 0\text{s}$	参见 220～750kV 整定规程
		2. 躲非全相运行最大零序电流	$I_{\text{dz 1}} \geqslant 3K_k I_{OF}$ K_k 为可靠系数； I_{OF} 按实际摆角计算时，$K_k \geqslant 1.2$；I_{OF} 按 180° 摆角计算时，$K_k \geqslant 1.1$；对发电厂直接引出的线路，K_k 值应较所列值适当放大； I_{OF} 为本线路非全相运行最大零序电流	$t_1 = 0\text{s}$	

名称	符号	定值		动作时间	说明
		原则	公式		
零序电流Ⅱ段	$I_{0dzⅡ}$	1. 与相邻线路纵联保护配合，躲过相邻线路末端故障	$I_{dzⅡ} \geqslant 3K_k I_{0max}$ $K_k \geqslant 1.2$，可靠系数； I_{0max} 为相邻线路末端故障时流过本线路的最大零序电流	$I_{dzⅡ}$ 躲过非全相运行最大零序电流时 $t_Ⅱ \geqslant 1.0s$；否则 $t_Ⅱ \geqslant 1.5s$；对于重合闸时间为 0.5s 的快速单相重合闸线路，$t_Ⅱ = 1.0s$	
		2. 与相邻线路躲非全相运行的零序电流Ⅰ段配合	$I_{dzⅡ} \geqslant K_k K_{fz} I'_{dzⅠ}$ $K_k \geqslant 1.1$，可靠系数； K_{fz} 为分支系数； $I'_{dzⅠ}$ 为相邻线路在非全相运行不退出工作的零序电流Ⅰ段定值		
		3. 躲本线路非全相运行的最大零序电流	$I_{dzⅠ} \geqslant 3K_k I_{OF}$ $K_k \geqslant 1.2$，可靠系数； I_{OF} 为本线路非全相运行的最大零序电流		
		4. 与相邻线路零序电流Ⅱ段配合	$I_{dzⅡ} \geqslant K_k K_{fz} I'_{dzⅡ}$ $K_k \geqslant 1.1$，可靠系数； K_{fz} 为分支系数； $I'_{dzⅡ}$ 为相邻线路在非全相运行不退出工作的零序电流Ⅱ段定值	$t_Ⅱ \geqslant t'_Ⅱ + \Delta t$	$t'_Ⅱ$ 为相邻线路零序电流Ⅱ段动作时间
		5. 躲过变压器另一电压侧母线接地故障时流过本线路的零序电流	$I_{dzⅠ} \geqslant 3K_k I_0$ $K_k \geqslant 1.3$，可靠系数； I_0 为变压器另一电压侧母线接地故障时流过本线路的零序电流	$t_Ⅱ \geqslant 1.0s$	
零序电流Ⅲ段	$I_{0dzⅢ}$	1. 与相邻线路零序电流Ⅱ段配合	$I_{dzⅢ} \geqslant K_k K_{fz} I'_{dzⅡ}$ $K_k \geqslant 1.1$，可靠系数； K_{fz} 为分支系数； $I'_{dzⅢ}$ 为相邻线路在非全相运行不退出工作的零序电流Ⅲ段定值	$t_Ⅲ \geqslant t'_Ⅱ + \Delta t$	$t'_Ⅱ$ 为相邻线路零序电流Ⅱ段动作时间
		2. 本线路末端接地故障有灵敏度	$I_{dzⅢ} \leqslant 3 \dfrac{I'_{0min}}{K_{lm}}$ $K_{lm} \geqslant 1.3$，为灵敏系数； I'_{0max} 为本线路末端接地故障最小零序电流		
		3. 与相邻线路零序电流Ⅲ段配合	$I_{dzⅢ} \geqslant K_k K_{fz} I'_{dzⅢ}$ $K_k \geqslant 1.1$，可靠系数； K_{fz} 为分支系数； $I'_{dzⅢ}$ 为相邻线路在非全相运行不退出工作的零序电流Ⅲ段定值	$t_Ⅲ \geqslant t'_Ⅲ + \Delta t$	$t'_Ⅲ$ 为相邻线路零序电流Ⅲ段动作时间

名称	符号	定值		动作时间	说明
		原则	公 式		
零序电流IV段	I_{0dzIV}	1. 本线路经高电阻接地故障有灵敏度	$I_{dzIV} \leq 300A$		
		2. 与相邻线路零序电流III段配合	$I_{dzIV} \geq K_k K_{fz} I'_{dzIII}$ $K_k \geq 1.1$，可靠系数； K_{fz}为分支系数； I'_{dzIII}为相邻线路零序电流III段定值	$t_{IV} \geq t'_{III} + \Delta t$ 并 $t_{IV} \geq T + \Delta t$	T为重合闸周期；t'_{III}为相邻线路零序电流III段动作时间
		3. 与相邻线路零序电流IV段配合 a）如相邻线路实现单相重合闸； b）如相邻线路不实现单相重合闸	$I_{dzIV} \geq K_k K_{fz} I_{dzIV}$ $K_k \geq 1.1$，可靠系数； K_{fz}为分支系数； I'_{dzIV}为相邻线路零序电流IV段定值	a）$t_{IV} \geq t'_{IV-d} + \Delta t$ 并 $t_{IV} \geq T + \Delta t$ b）$t_{IV} \geq t'_{IV} + \Delta t$ 并 $t_{IV} \geq T + \Delta t$	T为重合闸周期；t'_{IV-d}为相邻线路零序电流IV段重合闸起动后的动作时间；t'_{IV}为相邻线路零序电流IV段动作时间

2. 按不实现单相重合闸的线路零序电流保护整定计算（见表 7–6）

表 7–6　　　　　　不实现单相重合闸的线路零序电流保护整定计算

名称	符号	定值		动作时间	说明
		原则	公 式		
零序电流I段	I_{0dzI}	1. 躲过本线路末端故障的最大零序电流	$I_{dzI} \geq 3K_k I_{0max}$ $K_k \geq 1.3$，可靠系数； I_{0max}为本线路末端故障最大零序电流	$t_I = 0s$	参见《220kV～750kV 电网继电保护装置运行整定规程》
		2. 躲过断路器合闸三相不同步出现的零序电流	$I_{dzI} \geq 3K_k I_{0F}$ $K_k \geq 1.2$，可靠系数； I_{0F}为本线路三相合闸时因断路器三相不同步短时产生的最大零序电流	$t_I = 0s$	
零序电流II段	I_{0dzII}	1. 与相邻线路纵联保护配合，躲过相邻线路末端故障	$I_{dzII} \geq 3K_k I_{0max}$ $K_k \geq 1.2$，可靠系数； I_{0max}为相邻线路末端故障时流过本线路的最大零序电流	$t_I = 1.0s$	
		2. 与相邻线路实现单相重合闸，则 a）与相邻线路零序电流I段保护配合； b）与相邻线路零序电流II段保护配合	a）$I_{dzII} \geq K_k K_{fz} I'_{dzI}$ b）$I_{dzII} \geq K_k K_{fz} I'_{dzII}$ $K_k \geq 1.1$，可靠系数； K_{fz}为分支系数； I'_{dzI}为相邻线路躲非全相运行的零序电流I段定值； I'_{dzII}为躲相邻线路非全相运行的零序电流II段定值	a）$t_I = 1.0s$ b）$t_{II} \geq t'_{II} + \Delta t$	t'_{II}为相邻线路零序电流II段动作时间；Δt为时间级差

107

名称	符号	定值		动作时间	说明
		原则	公式		
零序电流Ⅱ段	$I_{0dzⅡ}$	3. 如相邻线路不实现单相重合闸，则 a）与相邻线路零序电流Ⅰ段配合； b）与相邻线路零序电流Ⅱ段配合	a）$I_{dzⅡ} \geqslant K_k K_{fz} I'_{dzⅠ}$ b）$I_{dzⅡ} \geqslant K_k K_{fz} I'_{dzⅡ}$ $K_k \geqslant 1.1$，可靠系数； K_{fz} 为分支系数； $I'_{dzⅠ}$ 为相邻线路零序电流Ⅰ段定值； $I'_{dzⅡ}$ 为相邻线路零序电流Ⅱ段定值	a）$t_Ⅱ = 1.0\text{s}$ b）$t_Ⅱ \geqslant t'_Ⅱ + \Delta t$	$t'_Ⅱ$ 为相邻线路零序电流Ⅱ段动作时间
零序电流Ⅲ段	$I_{0dzⅢ}$	1. 如相邻线路实现单相重合闸，则 a）与相邻线路躲非全相运行的零序电流Ⅱ段配合； b）与相邻线路零序电流Ⅲ段配合	a）$I_{dzⅢ} \geqslant K_k K_{fz} I'_{dzⅡ}$ b）$I_{dzⅢ} \geqslant K_k K_{fz} I'_{dzⅢ}$ $K_k \geqslant 1.1$，可靠系数； K_{fz} 为分支系数； $I'_{dzⅡ}$ 为相邻线路躲非全相运行的零序电流Ⅱ段定值； $I'_{dzⅢ}$ 为躲相邻线路非全相运行的零序电流Ⅲ段定值	a）$t_Ⅱ \geqslant t'_Ⅱ + \Delta t$ b）$t_Ⅲ \geqslant t'_Ⅲ + \Delta t$	$t'_Ⅱ$ 为相邻线路零序电流Ⅱ段动作时间；$t'_Ⅲ$ 为相邻线路零序电流Ⅲ段动作时间
		2. 本线路末端接地故障有灵敏度	$I_{dzⅢ} \leqslant 3 \dfrac{I'_{0max}}{K_{lm}}$ $K_{lm} \geqslant 1.3$，为灵敏系数； I'_{0max} 为本线路末端接地故障最小零序电流		
		3. 如相邻线路不实现单相重合闸，则 a）与相邻线路零序电流Ⅱ段配合； b）与相邻线路零序电流Ⅲ段配合	c）$I_{dzⅢ} \geqslant K_k K_{fz} I'_{dzⅡ}$ d）$I_{dzⅢ} \geqslant K_k K_{fz} I'_{dzⅢ}$ $K_k \geqslant 1.1$，可靠系数； K_{fz} 为分支系数； $I'_{dzⅡ}$ 为相邻线路零序电流Ⅱ段定值； $I'_{dzⅢ}$ 为相邻线路零序电流Ⅲ段定值	a）$t_Ⅲ \geqslant t'_Ⅱ + \Delta t$ b）$t_Ⅲ \geqslant t'_Ⅲ + \Delta t$	$t'_Ⅱ$ 为相邻线路零序电流Ⅱ段动作时间；$t'_Ⅲ$ 为相邻线路零序电流Ⅲ段动作时间
零序电流Ⅳ段	$I_{0dzⅣ}$	1. 本线路经高电阻接地故障有灵敏度	$I_{dzⅣ} \leqslant 300\text{A}$		
		2. 与相邻线路零序电流Ⅲ段配合	$I_{dzⅣ} \geqslant K_k K_{fz} I'_{dzⅢ}$ $K_k \geqslant 1.1$，可靠系数； K_{fz} 为分支系数； $I'_{dzⅢ}$ 为相邻线路零序电流Ⅲ段定值	$t_Ⅳ \geqslant t'_Ⅲ + \Delta t$	$t'_Ⅲ$ 为相邻线路零序电流Ⅲ段动作时间

续表

名称	符号	定　值		动作时间	说明
		原则	公　式		
零序电流Ⅳ段	$I_{0\text{dz}Ⅳ}$	3. 与相邻线路零序电流Ⅳ段配合	$I_{\text{dz}Ⅳ} \geq K_k K_{fz} I'_{\text{dz}Ⅳ}$ $K_k \geq 1.1$，可靠系数； K_{fz} 为分支系数； $I'_{\text{dz}Ⅳ}$ 为相邻线路零序电流Ⅳ段定值	$t_Ⅳ \geq t'_{Ⅳ\text{-}d} + \Delta t$ $t_{Ⅳ\text{-}d} \geq T + \Delta t$	T 为重合闸周期；$t'_{Ⅳ\text{-}d}$ 为相邻线路零序电流Ⅳ段重合闸起动后的动作时间；$t_{Ⅳ\text{-}d}$ 为本线路重合闸启动后的动作时间

7.4.2　110kV 及以下零序电流保护整定原则

不实现单相重合闸的线路零序电流保护整定计算见表 7-7。

表 7-7　　　　　　　不实现单相重合闸的线路零序电流保护整定计算

名称	符号	定　值		动作时间	说明
		原则	公　式		
零序电流Ⅰ段	$I_{0\text{dz}Ⅰ}$	躲过本线路末端故障的最大零序电流	$I_{\text{dz}Ⅰ} \geq 3K_k I_{0\max}$ $K_k \geq 1.3 \sim 1.5$，可靠系数； $I_{0\max}$ 为区外故障最大零序电流	$t_Ⅰ = 0\text{s}$ 动作值躲不过断路器合闸三相不同步最大 3 倍零序电流时，重合闸过程中带 0.1s 延时或退出运行	
零序电流Ⅱ段	$I_{0\text{dz}Ⅱ}$	1. 与相邻线路零序Ⅰ段配合	$I_{\text{dz}Ⅱ} \geq K_k K_{fz} I'_{\text{dz}Ⅰ}$ $K_k \geq 1.1$，可靠系数； K_{fz} 为最大分支系数； $I'_{\text{dz}Ⅰ}$ 为相邻线路零序Ⅰ段动作值	$t_Ⅱ \geq \Delta t$	
		2. 与相邻线路零序Ⅱ段配合	$I_{\text{dz}Ⅱ} \geq K_k K_{fz} I'_{\text{dz}Ⅱ}$ $K_k \geq 1.1$，可靠系数； K_{fz} 为分支系数； $I'_{\text{dz}Ⅱ}$ 为躲相邻线路零序Ⅱ段动作值	$t_Ⅱ \geq t'_Ⅱ + \Delta t$	$t'_Ⅱ$ 为相邻线路零序电流Ⅱ段动作时间；Δt 为时间级差
		3. 校核变压器 220kV（或 330kV）侧接地故障流过线路的 $3I_0$	$I_{\text{dz}Ⅰ} \geq 3K_k I_{0\max}$ $K_k \geq 1.3 \sim 1.5$，可靠系数； $I_{0\max}$ 为变压器接地故障流过线路的零序电流	$t_Ⅱ \geq \Delta t$ $t'_Ⅱ$ 为相邻线路零序电流Ⅱ段动作时间；后加速带 0.1s 延时	
零序电流Ⅲ段	$I_{0\text{dz}Ⅲ}$	1. 与相邻线路零序电流Ⅱ段配合	$I_{\text{dz}Ⅲ} \geq K_k K_{fz} I'_{\text{dz}Ⅱ}$ $K_k \geq 1.1$，可靠系数； K_{fz} 为分支系数； $I'_{\text{dz}Ⅱ}$ 为相邻线路零序电流Ⅱ段定值	$t_Ⅲ \geq t'_Ⅱ + \Delta t$ $t'_Ⅱ$ 为相邻线路零序电流Ⅱ段动作时间	

109

名称	符号	定 值		动作时间	说明
		原则	公式		
零序电流Ⅲ段	$I_{0\mathrm{dzIII}}$	2. 与相邻线路零序电流Ⅲ段配合	$I_{\mathrm{dzIII}} \geqslant K_k K_{fz} I'_{\mathrm{dzIII}}$ $K_k \geqslant 1.1$, 可靠系数; K_{fz} 为分支系数; I'_{dzIII} 为躲相邻线路零序电流Ⅲ段定值	$t_{\mathrm{III}} \geqslant t'_{\mathrm{III}} + \Delta t$ t'_{III} 为相邻线路零序电流Ⅲ段动作时间	
		3. 校核变压器220kV（330kV）侧接地故障流过线路的 $3I_0$	$I_{\mathrm{dzI}} \geqslant 3K_k I_{0\max}$ $K_k \geqslant 1.3 \sim 1.5$, 可靠系数; $I_{0\max}$ 为变压器接地故障流过线路的零序电流	$t_{\mathrm{III}} \geqslant t'_{\mathrm{II}} + \Delta t$ t'_{II} 为线路末端变压器（220kV 或 330kV）侧出现接地保护Ⅱ段最长动作时间	
零序电流Ⅳ段	$I_{0\mathrm{dzIV}}$	1. 与相邻线路零序电流Ⅲ段配合	$I_{\mathrm{dzIV}} \geqslant K_k K_{fz} I'_{\mathrm{dzIII}}$ $K_k \geqslant 1.1$, 可靠系数; K_{fz} 为分支系数; I'_{dzIII} 为相邻线路零序电流Ⅲ段定值	$t_{\mathrm{IV}} \geqslant t'_{\mathrm{III}} + \Delta t$ t'_{III} 为相邻线路零序电流Ⅱ段动作时间	
		2. 与相邻线路零序电流Ⅳ段配合	$I_{\mathrm{dzIV}} \geqslant K_k K_{fz} I'_{\mathrm{dzIV}}$ $K_k \geqslant 1.1$, 可靠系数; K_{fz} 为分支系数; I'_{dzIV} 为躲相邻线路零序电流Ⅳ段定值	$t_{\mathrm{IV}} \geqslant t'_{\mathrm{IV}} + \Delta t$ t'_{IV} 为相邻线路零序电流Ⅲ段动作时间	
		3. 校核变压器220kV（或330kV）侧接地故障流过线路的 $3I_0$	$I_{\mathrm{dzI}} \geqslant 3K_k I_{0\max}$ $K_k \geqslant 1.3 \sim 1.5$, 可靠系数; $I_{0\max}$ 为变压器接地故障流过线路的零序电流	$t_{\mathrm{IV}} \geqslant t'_{\mathrm{II}} + \Delta t$ t'_{II} 为线路末端变压器（220kV 或 330kV）侧出现接地保护Ⅱ段最长动作时间	

7.5 参考文献

[1] 刘健，赵海鸣. 继电保护整定计算及定值仿真系统 [J]. 继电器，2002（9）.

[2] 张伯明，高景德. 高等电力网络分析 [M]. 清华大学出版社，1996.

[3] 仇向东，张永浩，陈育平，黄仁谋. 面向中调的整定计算软件的设计和开发 [J]. 电力信息化，2007，12（39-41）.

[4] 李志兴，蔡泽祥，许志华. 继电保护装置动作逻辑的数字仿真系统 [J]. 电力系统自动化，2006，30（12），97-101.

[5] 李银红，段献忠. 电力系统线路保护整定计算一体化系统 [J]. 电力系统自动化，2003，27（9）：66-69.

[6] 石东源，王星华，段献忠. 电网继电保护分析计算及管理一体化系统研究 [J]. 华中科技大学学报，2004，32（9）：39-42.

第**8**章

面向原理保护的整定计算程序设计

8.1　原理保护整定计算的特点

　　原理保护整定计算的任务主要是实现线路的电流（电压）保护、零序电流保护、相间距离保护、接地距离保护、变压器后备保护等的整定计算和配合。

　　整定计算的复杂性决定了其完全自动整定的局限性，自动整定计算往往需要与长期实际运行经验相结合。整定计算过程需要提供充分的人工干预手段，使用户能够将以往整定计算的方案、经验以及对于电网接线形式和运行方式的特殊处理结合到计算机的自动整定计算中来，使整定计算的结果更符合实际系统的运行需要。

　　原理整定的主要技术难点有断点的选取、运行方式的组合、整定原则的自定义等，这些问题都需要在设计原理保护整定计算功能时充分考虑。

8.2　面向原理保护的整定计算程序设计

　　在继电保护整定软件中，实现面向原理保护的整定计算功能需要解决以下问题：① 基于"专家库"的整定原则数据库的建立；② 全网自动整定与校核；③ 基于工程的整定计算。

8.2.1　基于"专家库"的整定原则数据库

　　原理整定计算原则的设计依据如下：

　　（1）基于原理的保护整定计算，保护原则能够被开发人员方便地定义。在通常情况下，能够在不改变程序界面和代码的情况下，进行整定原则的修改、增加和删除。

　　（2）能够根据数据库中的内容自动形成整定界面，根据电压等级的不同，展示不同的整定原则，适应不同电压等级电网对计算原则的不同需要。

　　整定原则数据库字典表建立规则包括以下部分。

　　1. 原则编号

　　原则编号用 Index1 表示，由不同的数字组合表示不同的原则含义。定值项用 2 位数字表示，整定原则用 4 位数字表示，变量用 6 位数字表示，从属关系的前几位和上级的相同。具体含义规定如下：

　　Index1：××××

　　第一位表示保护类型：1：相间距离；2：零序电流；3：接地距离；4：阶段电流；7：电流电压；8：变压器阻抗保护；9：变压器复闭过电流保护；0：变压器零序保护。

　　第二位表示段数：1 为Ⅰ段；2 为Ⅱ段；3 为Ⅲ段；4 为Ⅳ段。

　　第三、四位表示原则编号：从 01～99。

　　第五、六位表示变量编号：从 01～99。

2. 定值项属性

定值项属性见表 8-1，这些内容只有在定值项行填写，下面的原则和变量都取父节点的内容即可。

表 8-1 定 值 项 属 性 表

protection	保 护
Protectionitem	定值项
ItemDirection	定值项方向。0：指向元件变压器内部；1：指向母线（元件外部）；2：无方向
ProtectionCode	定值项代码，如 Zdz1
ProtectionCode2	第二定值项代码，如 Zdz1R 反向偏移定值
TimeCode	时间定值代码 T1
TimeCode2	时间定值代码 T2
TimeCode3	时间定值代码 T3

3. 整定原则属性

整定原则属性见表 8-2，这些内容只有在整定原则行填写。

表 8-2 整 定 原 则 属 性 表

RuleZone	原则所属的定值区域：1：用于定值 1；2：用于定值 2；3：仅用于时间定值
RuleDescription	原则描述
RuleType	0：灵敏性原则；1：正向配合原则（线路）；2：反向配合原则（线路）；3：反灵敏性原则（躲线末）；4：躲线末变压器；5：线路远后备；6：反线路远后备（躲相邻线末）；7：保变压器远后备；8：变压器正向配合；9：变压器反向配合；10：校核躲变压器原则；11：正向越级配合原则；12：反向越级配合原则
FitCondition	适合条件，用四位数的字符串表示 其中，第一位表示是适合变压器类型；0：所有变压器；1：二卷；2：三卷。 第二位表示是否适合低压侧。第三位表示是否适合中压侧。第四位表示是否适合高压侧，1：适合；0：不适合
SetTimeType	0：不考虑时间配合；1：时间定值均配合；2：只考虑时间配合
DefaultPriority	默认优先级别，0：低级别
DefaultSelected	默认选中，0：否；1：是
GetValueType	0：=1；>=，2：<=3 不参与定值项取值
formula	公式，用于计算的公式，如 $K_{kl}*Z$
FormulaType	0：实数；1：实虚部复数；2：模值幅角复数
FormulaDisplay	用于展示在整定书中的公式
FormulaForm	0：无需窗体；1：极值窗体；2：配合窗体
FormulaVariable	按照顺序展示变量的描述可靠系数 K_k，返回系数 K_f
VoltageLevel	0：所有电压等级；1：110kV 以上电压等级；2：110kV 电压等级；4：小于 110kV 大于 10kV 电压等级；8：10kV 电压等级；16：小于 10kV

4. 变量属性

变量的属性见表 8-3，这些内容只有在变量行填写。

表 8-3	变 量 属 性 表
Variable	变　　量
VariableDescription	变量描述
VariableType	0：变量；1：常规变量；21～40：单值电气量；41～60：多值电气量；61～70：临近配合量
VariableValue	常规变量的默认值
VariableUnit	变量单位，如 S

（1）Variable：按照命名规范定义的变量描述。

（2）VariableDescription：展示给用户的变量描述。

（3）VariableType：每个变量的写法都是固定的，大小写、字符等必须确定。

8.2.2　全网自动整定与校核

1. 整定流程

由于电网之间的配合关系联系密切，特别是高压电网，当某个变电站的运行方式发生变化后对全网的定值都可能会有影响，这样就会导致整定计算人员需要经常对全网定值进行整定和校核。如果手动整定全网的每个保护定值，工作量非常大。全网自动整定的模式，就是根据用户选中的整定原则自动进行全网整定计算。自动整定计算的流程如图 8-1 所示。

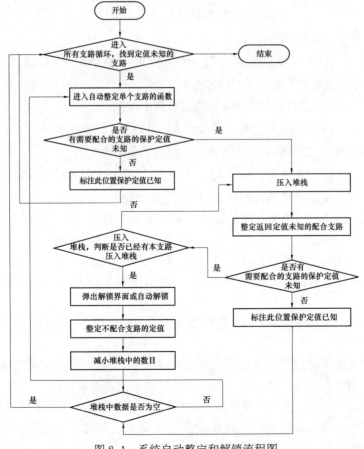

图 8-1　系统自动整定和解锁流程图

2. 断点选取

在整定计算过程中，如果电网中的环网较多，会存在某些环内的支路无法同时满足灵敏性和选择性。在系统自动解环方案中，将如下开关作为优先解环点考虑：

（1）主力电厂的对侧开关；

（2）500kV 变电站的对侧支路开关；

（3）出线较多的变电站的对侧开关。

在网络结构或运行方式变化后，整定计算人员一般采取的策略是在能够满足灵敏性和选择性的前提下，尽量少调整原有定值。

在继电保护定值整定过程中，一般根据灵敏性和选择性得到一个定值区间，如 $1200A < I_{01} < 1500A$，只要定值在此区间内即可。根据这个特点，通过重新整定计算，得到新的网络结构和运行方式下的整定值区间，利用原定值和新区间进行比较，确定原定值是否需要改变。

电网结构和运行方式变化后，需要对全网的定值进行校核。整定软件会自动列出定值的变化情况，供用户参考是否需要调整定值，从而极大地减轻了用户的工作量。

3. 取值规则

下面举例说明自动整定取值经验规则。

某电网中的线路，昌西二线相间距离 Ⅱ 段整定原则如下。

原则 1：保证线路末端故障有灵敏度整定，设为优先原则。

$$Z_{dzII} \geqslant K_{lm} * Z = 1.5 \times 2.11 = 3.17$$

原则 2：按躲变压器其他侧整定。

$$Z_{dzII} \leqslant K_k * Z_{cl} = 0.8 \times 51.08 = 40.86$$

原则 3：与相邻支路相间距离 Ⅰ／Ⅱ 段配合。

与相邻支路西观二 220kV 5 号母线侧相间距离 Ⅰ 段配合

$$Z_{dzII} \leqslant K_k * Z_I + K_k' * K_{zz} * Z_{dz}' = 0.8 \times 2.11 + 0.8 \times 1.91 \times 4.17 = 8.06$$

与相邻支路西观二 220kV 5 号母线侧相间距离 Ⅱ 段配合

$$Z_{dzII} \leqslant K_k * Z_I + K_k' * K_{zz} * Z_{dz}' = 0.8 \times 2.11 + 0.8 \times 1.91 \times 8.93 = 15.33$$

根据以上原则计算出的定值区间：$3.17 \leqslant Z_{dzII} \leqslant 8.06$

原定值方案。设置相间距离 Ⅱ 段的取值方案如图 8-2 所示，在原定值方案中选择了"取原定值"。该窗体在"选项"→"设置"→"整定设置"中设置取值方案。

如果昌西二线相间距离 Ⅱ 段的原定值为 5，在定值区间 [3.17，8.06] 内，则定值取为 5；如果昌西二线相间距离 Ⅱ 段的原定值为 2.17，与定值区间 [3.17，8.06] 冲突，则按照优先原则取值。

（1）优先原则。当为图 8-2 中的原定值设置方案但原定值不在定值区间时，取值方案规则如图 8-3 所示。

如果选择"只按照优先原则取值"，则不管其他原则计算结果，只按照优先原则取值。上例中设原则 1 为优先原则，其计算结果为 3.17，则定值最终取 3.17。

如果选择的是"冲突时候按照优先原则取值"，当定值区间冲突时才按照优先原则取值。定值区间冲突也按照优先原则取值。比如定值区间为 [3.17，2] 无取值范围，此时按照优先原则 1 计算的结果为 3.17，则最终的取值为 3.17。

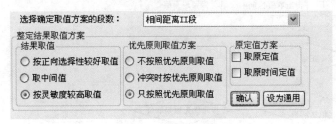

图 8-2 取值方案设置 1

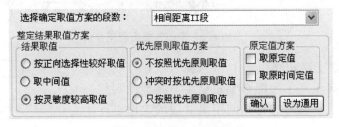

图 8-3 取值方案设置 2

（2）结果取值。当为图 8-2 的原定值取值方案但原定值不在定值区间时，取值经验规则按图 8-4 所示。

图 8-4 取值方案设置 3

取值方案有按正向选择性较好取值，取中间值和按灵敏度较高取值三种。无论定值区间是否冲突，正向选择性较好指对阻抗、电压等取小值，对电流取大值；灵敏度较高反之。

上例中昌西二线的定值区间［3.17，8.06］，选择取值方案如图 8-5 所示，"按正向选择性较好取值"，最终取值为 3.17；选"取中间值"，最终取值为 5.62；"按灵敏度较高取值"则最终的取值为 8.06。

（3）可以分别设置每个定值项的取值经验。比如可以设置零序Ⅱ段的取值经验如图 8-5 所示。

（4）整定软件中取值方案的整体流程图，如图 8-6 所示。

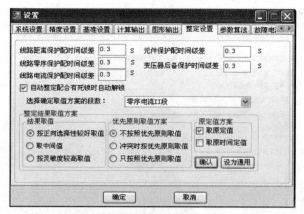

图 8-5 零序 II 段的取值经验

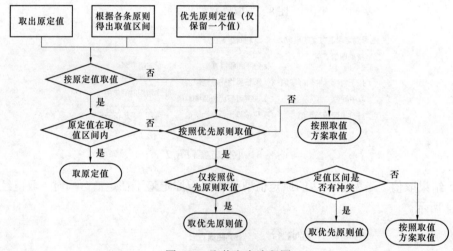

图 8-6 取值方案流程图

原则"与相邻支路相间距离 I / II 段配合"在自动整定时,如果与相间距离 I 段配合整定结果与其他原则整定结果不冲突,就不再考虑与相间距离 II 段的定值进行配合。

8.2.3 基于工程的整定计算

在实际工作中,电网投运一个新厂站后,需要计算新建的几条线路的定值,但是需要校核相邻几级范围内支路的定值是否满足配合要求,基于工程的整定计算概念也就由此得来。

基于工程的整定计算流程如图 8-7 所示。

基于工程的整定计算,其基本思想是通过新建工程选择需要整定的线路或变压器元件,先进行自动整定计算,然后进行手动调整定值。

在自动整定完后会根据自动整定的取值规则给出定

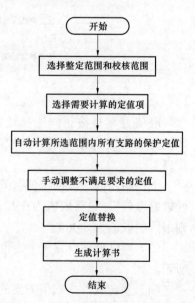

图 8-7 基于工程的整定计算流程图

值。用户根据电网结构和运行经验可对定值项的取值进行干预。具体的干预方法有以下几种：

（1）参数的调整。对某一条具体原则可调整的变量有可靠系数、灵敏系数、故障电气量等，如图 8-8 所示。其中可靠系数、灵敏系数的调整只与本段的定值项有关，对电网中的其他支路没有影响；故障电气量是根据系统设定的运行方式计算出来的，如果不满足要求，可以对运行方式进行调整，重新计算该支路的故障电气量信息。

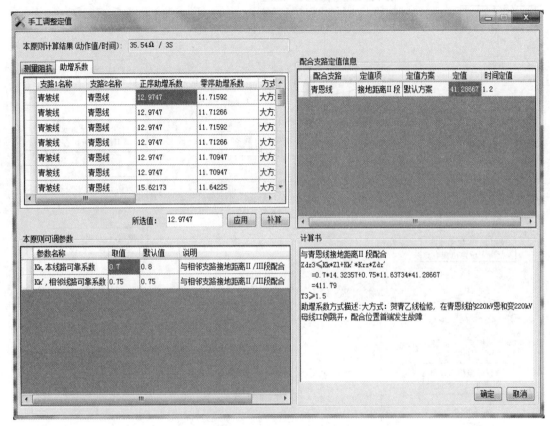

图 8-8　手工调整定值界面

（2）强制取值。可以将定值项中某一条原则的定值作为定值项的最终取值。

（3）人工给定定值。可人工给定某定值项的最终取值。

8.3　实例分析

8.3.1　整定原则流程

　　某地区 110kV 距离保护、零序保护和阶段电流保护的整定原则和取值经验分别如图 8-9～图 8-11 所示。

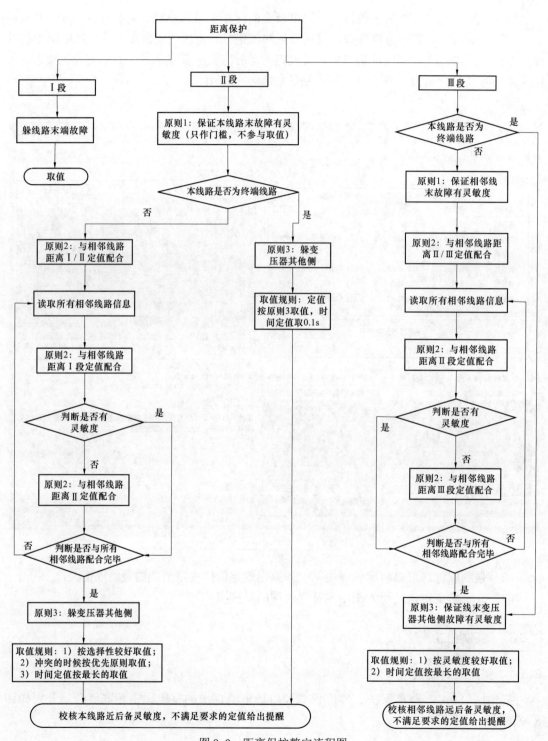

图 8-9　距离保护整定流程图

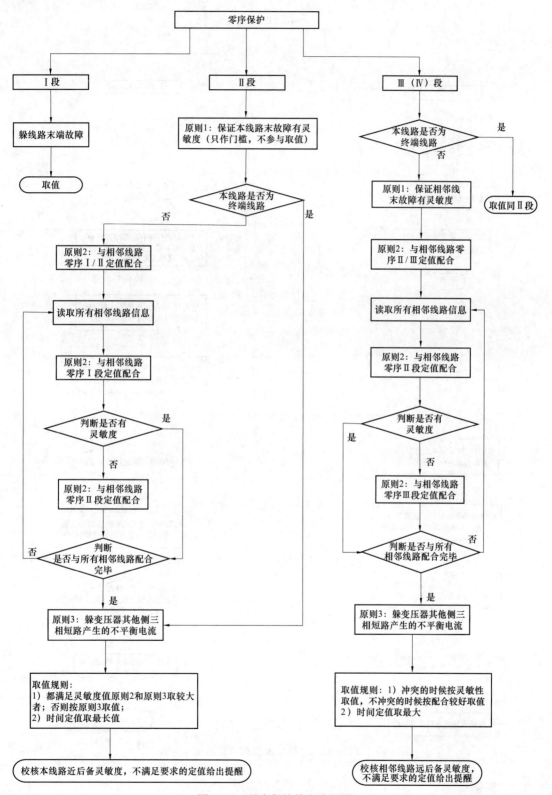

图 8-10 零序保护整定流程图

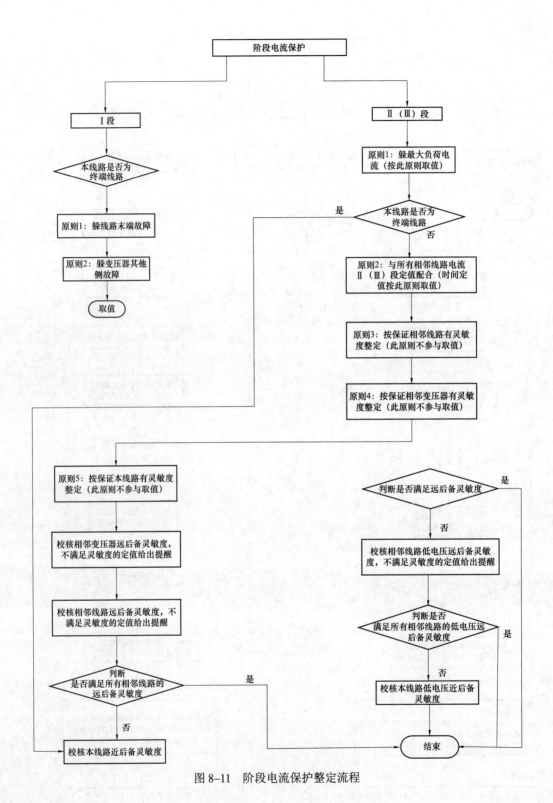

图 8-11 阶段电流保护整定流程

8.3.2 算例

算例分析如图 8-12 所示。

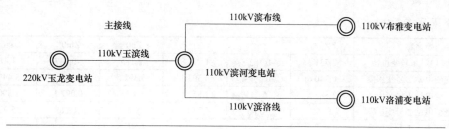

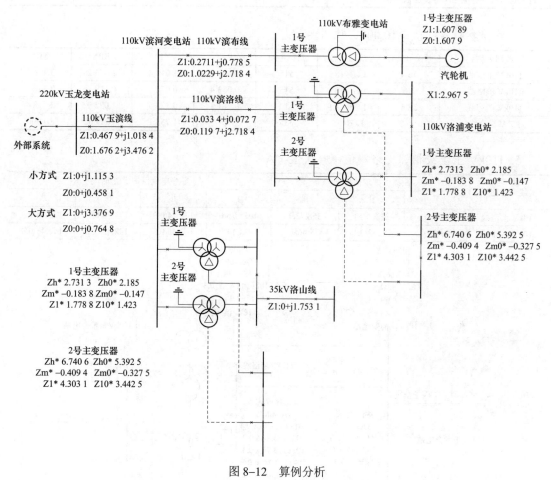

图 8-12 算例分析

基准容量：1000MVA

1. 电源（玉龙变电站 110kV 外部系统）

运行方式	R1*	X1*	R0*	X0*
大方式	0	1.115 3	0	0.458 1
小方式	0	3.376 9	0	0.764 8

2. 110kV 布雅变电站汽轮机

额定功率（MW）	功率因数	X1*	X2*	X0*
50.9	0.85	2.967 5	2.967 5	10 000

3. 主变压器参数

主变压器名称	Zh*	Zm*	Zl*	Zh0*	Zm0*	Zl0*
110kV 滨河变电站 1 号变压器	2.731 3	−0.183 8	1.778 8	2.185	−0.147	1.423
110kV 滨变变电站 2 号变压器	6.740 6	−0.409 4	4.303 1	5.392 5	−0.327 5	3.442 5
110kV 洛浦变变电站 1 号变压器	2.887 5	−0.215	1.852 5	2.039 3	0.097 1	1.590 2
110kV 洛浦变变电站 2 号变压器	11.55	−0.86	7.41	9.24	−0.688	5.928
110kV 布雅变变电站 1 号变压器	1.607 9			1.607 9		

4. 线路参数（数值≥10 000，认为∞）

线路名称	长度（km）	线路型号	负荷电流	R1*	X1*	R0*	X0*
110kV 玉滨线	36.4	LGJ−185	515	0.467 9	1.018 4	1.676 2	3.476 2
110kV 滨洛线	2.6	LGJ−185	515	0.033 4	0.072 7	0.119 7	0.248 3
110kV 滨布线	28.6	LGJ−240	610	0.281 1	0.778 5	1.022 9	2.718 4
35kV 洛山线	6	LGJ−95	335	0	1.753 1	10 000	10 000

5. 110kV 玉滨线相邻支路定值（一次值"A/s"）

线路名称	距离保护定值/时间			零序电流保护定值/时间			
	Ⅰ	Ⅱ	Ⅲ	Ⅰ	Ⅱ	Ⅲ	Ⅳ
110kV 滨洛线	0.74/0	23.39/0.1	358.73/1	4025.76/0	173.74/0.3	173.74/0.3	173.74/0.3
110kV 滨布线	7.66/0	25.42/0.1	73.46/1	1934.14/0	142.45/0.3	142.45/0.3	142.45/0.3

相间距离
TA：400/5
Z1：7.66Ω 0
Z2：25.42Ω 0.1
Z3：73.46Ω 1

零序电流
TA：400/5
101：1934.14A 0.3
102：142.45A 0.3
103：142.45A 0.3

110kV滨步线

110kV滨河变电站

110kV滨洛线

110kV布雅变电站

110kV玉滨线

相间距离
TA：400/5
Z1：0.74Ω 0
Z2：23.39Ω 0.1
Z3：358.73Ω 1

零序电流
TA：400/5
101：4025.76A 0.3
102：173.74A 0.3
103：173.74A 0.3
104：173.74A 0.3

110kV洛浦变电站

220kV玉龙变电站

110kV滨河变电站

6. 110kV 玉滨线与相邻配合的分支系数

定值段	配合支路	定值	延时	分支系数
110kV 玉滨线 相间距离Ⅰ段	110kV 滨布线 相间距离Ⅰ段	7.66	0	1
	110kV 滨布线 相间距离Ⅱ段	25.42	0.1	1
	110kV 滨洛线 相间距离Ⅰ段	0.74	0	1.403 6
	110kV 滨洛线 相间距离Ⅱ段	23.39	0.1	1.403 6
110kV 玉滨线 相间距离Ⅱ段	110kV 滨布线 相间距离Ⅱ段	25.42	0.1	1
	110kV 滨布线 相间距离Ⅲ段	73.46	1	1
	110kV 滨洛线 相间距离Ⅱ段	23.39	0.1	1.403 6
	110kV 滨洛线 相间距离Ⅲ段	358.73	1	1.403 6
110kV 玉滨线 零序电流Ⅱ段	110kV 滨布线 零序电流Ⅰ段	1934.14	0	0.561 6
	110kV 滨布线 零序电流Ⅱ段	142.45	0.3	0.561 6
	110kV 滨洛线 零序电流Ⅰ段	4025.76	0	0.385 3
	110kV 滨洛线 零序电流Ⅱ段	173.74	0.3	0.385 3
110kV 玉滨线 零序电流Ⅲ段	110kV 滨布线 零序电流Ⅱ段	142.45	0.3	0.561 6
	110kV 滨布线 零序电流Ⅲ段	142.45	0.3	0.561 6
	110kV 滨洛线 零序电流Ⅱ段	173.74	0.3	0.385 3
	110kV 滨洛线 零序电流Ⅲ段	173.74	0.3	0.385 3
110kV 玉滨线 零序电流Ⅳ段	110kV 滨布线 零序电流Ⅲ段	142.45	0.3	0.561 6
	110kV 滨布线 零序电流Ⅳ段	142.45	0.3	0.561 6
	110kV 滨洛线 零序电流Ⅲ段	173.74	0.3	0.385 3
	110kV 滨洛线 零序电流Ⅳ段	173.74	0.3	0.385 3

1. 距离保护

整定对象：整定 110kV 玉滨线 220kV 玉龙变电站侧相间距离Ⅰ段

TV 变比：110 000/100V   TA 变比：600/5A

本线路长度：36.4 km

（1）按躲线路末端故障整定：

$$Z_{dzI} = K_k * Z_1 = 0.7 \times 14.821\,9 = 10.38$$

定值区间：$Z_{dzI} \leqslant 10.38$

$$Z_{dzI} = 10.38$$

―――――――――――――――――――――――――――――――――

相间距离Ⅰ段整定结果

Ⅰ段定值 $Z_{dzI} = 10.38$ （Ω）

Ⅰ段二次值 $Z'_{dzI} = Z_{dzI} * TA / TV = 10.38 * (600/5) / (110\,000/100) = 1.13$ （Ω）

Ⅰ段时间定值 $T_1 = 0$ （s）

―――――――――――――――――――――――――――――――――

整定对象：整定 110kV 玉滨线 220kV 玉龙变电站侧相间距离Ⅱ段

TV 变比：110 000/100V   TA 变比：600/5A

本线路长度：36.4km

上段定值=10.38

（2）按保证线路末端故障有灵敏度整定：

$$Z_{dzII} \geqslant K_{lm} * Z_1 = 1.4 \times 14.821\,9 = 20.75$$

2. 与相邻线路相间距离Ⅰ/Ⅱ段配合

（1）配合支路：110kV 滨布线。

$$Z_{dzII} \leqslant K_k * Z_1 + K'_k * K_{zz} * Z'_{dz} = 0.8 \times 14.821\,9 + 0.8 \times 1 \times 7.66 = 17.99$$
$$T_2 \geqslant 0 + 0.3 = 0.3$$

与本段保护配合不满足灵敏度要求，考虑与下一段保护配合！

$$Z_{dzII} \leqslant K_k * Z_1 + K'_k * K_{zz} * Z'_{dz} = 0.8 \times 14.821\,9 + 0.8 \times 1 \times 25.42 = 32.19$$
$$T_2 \geqslant 0.1 + 0.3 = 0.4$$

助增系数方式描述：小方式：在 110kV 滨布线的 110kV 布雅变电站 110kVⅠ母侧跳开，配合位置首端发生故障。

（2）配合支路：110kV 滨洛线。

$$Z_{dzII} \leqslant K_k * Z_1 + K'_k * K_{zz} * Z'_{dz} = 0.8 \times 14.821\,9 + 0.8 \times 1.403\,6 \times 0.74 = 12.69$$
$$T_2 \geqslant 0 + 0.3 = 0.3$$

与本段保护配合不满足灵敏度要求，考虑与下一段保护配合！

$$Z_{dzII} \leqslant K_k * Z_1 + K'_k * K_{zz} * Z'_{dz} = 0.8 \times 14.821\,9 + 0.8 \times 1.403\,6 \times 23.39 = 38.12$$
$$T_2 \geqslant 0.1 + 0.3 = 0.4$$

助增系数方式描述：大方式：在 110kV 滨洛线的 110kV 洛浦变电站 110kVⅠ母侧跳开，跳开处发生故障。

3. 按躲变压器其他侧整定

（1）配合支路：110kV 滨河变电站 1 号主变压器

$$Z_{dzII} \leqslant K_k * Z_{cl} = 0.8 \times 47.787\,2 = 38.23$$

测量阻抗方式描述：大方式：在 110kV 滨河变电站 1 号主变压器的中压侧发生两相相间短路。

（2）配合支路：110kV 滨河变电站 2 号主变压器

$$Z_{dzII} \leqslant K_k * Z_{cl} = 0.8 \times 47.787\,2 = 38.23$$

测量阻抗方式描述：大方式：在 110kV 滨河变电站 2 号主变压器的中压侧发生两相相间短路

定值区间：$Z_{dzII} \leqslant 32.19$

$$Z_{dzII} = 32.19$$

定值区间：$T_2 \geqslant 0.4$

$$T_2 = 0.4$$

相间距离Ⅱ段整定结果

Ⅱ段定值 $Z_{dzII} = 32.19$（Ω）

Ⅱ段二次值 $Z'_{dzII} = Z_{dzII} * TA / TV = 32.19 \times (600 / 5) / (110\,000 / 100) = 3.51$（Ω）

Ⅱ段时间定值 $T_2 = 0.4$（s）

一、校核本线路近后备灵敏度

校核支路：110kV 玉滨线

$$K_{lm} = Z'_{dzII} / Z_{cl} = 32.19 / 14.821\,9 = 2.17$$

$K_{lm} = 2.17 > 1.4$，能够满足 110kV 玉滨线灵敏度要求

整定对象：整定 110kV 110kV 玉滨线 220kV 玉龙变电站侧相间距离Ⅲ段

TV 变比：110 000/100 V   TA 变比：600/5 A

本线路长度：36.4 km

上段定值=32.19

1. 按保证相邻线路末端故障有灵敏度整定

（1）配合支路：110kV 滨布线

$$Z_{dzIII} \geqslant K_{lm} * Z_{cl} = 1.2 \times 25.745\,8 = 30.89$$

测量阻抗方式描述：小方式：在 110kV 滨布线的 110kV 布雅变电站 110kV Ⅰ 母侧发生两相相间短路

（2）配合支路：110kV 滨洛线

$$Z_{dzIII} \geqslant K_{lm} * Z_{cl} = 1.2 \times 16.751\,1 = 20.1$$

测量阻抗方式描述：小方式：在 110kV 滨洛线的 110kV 洛浦变电站 110kV Ⅰ 母侧单端跳开，在跳开处发生三相相间短路

2. 与相邻线路相间距离Ⅱ/Ⅲ段配合

（1）配合支路：110kV 滨布线。

$$Z_{dzⅢ} \leqslant K_k * Z_l + K_k' * K_{zz} * Z_{dz}' = 0.8 \times 14.821\,9 + 0.8 \times 1 \times 25.42 = 32.19$$

$$T_3 \geqslant 0.1 + 0.3 = 0.4$$

与本段保护配合满足灵敏度要求，不再考虑与下一段保护配合！

助增系数方式描述：小方式：在 110kV 滨布线的 110kV 布雅变电站 110kV Ⅰ母侧跳开，配合位置首端发生故障

（2）配合支路：110kV 滨洛线。

$$Z_{dzⅢ} \leqslant K_k * Z_l + K_k' * K_{zz} * Z_{dz}' = 0.8 \times 14.821\,9 + 0.8 \times 1.403\,6 \times 23.39 = 38.12$$

$$T_3 \geqslant 0.1 + 0.3 = 0.4$$

与本段保护配合满足灵敏度要求，不再考虑与下一段保护配合！

助增系数方式描述：大方式：在 110kV 滨洛线的 110kV 洛浦变电站 110kV Ⅰ母侧跳开，跳开处发生故障

3. 按保证相邻变压器末端故障有灵敏度整定

（1）配合支路：110kV 滨河变电站 1 号主变压器

$$Z_{dzⅢ} \geqslant K_{lm} * Z_{cl} = 1.2 \times 90.135\,6 = 108.16$$

测量阻抗方式描述：大方式：在 110kV 滨河变电站 1 号主变压器的低压侧发生两相相间短路

（2）配合支路：110kV 滨河变电站 2 号主变压器

$$Z_{dzⅢ} \geqslant K_{lm} * Z_{cl} = 1.2 \times 337.957\,6 = 405.55$$

测量阻抗方式描述：小方式：在 110kV 滨河变电站 2 号主变压器的低压侧发生两相相间短路

定值区间：$405.55 \leqslant Z_{dzⅢ} \leqslant 32.19$

$$Z_{dzⅢ} = 405.55$$

定值区间（405.55，32.19）无取值范围，按灵敏度较高取值：405.55。

定值区间：$T_3 \geqslant 0.7$

$$T_3 = 0.7$$

和定值项最终取值有冲突的原则：与相邻线路相间距离Ⅱ/Ⅲ段配合

_____

相间距离Ⅲ段整定结果

Ⅲ段定值 $Z_{dzⅢ} = 405.55$（Ω）

Ⅲ段二次值 $Z_{dzⅢ}' = Z_{dzⅢ} * TA / TV = 405.55 \times (600 / 5) / (110\,000 / 100) = 44.24$（Ω）

Ⅲ段时间定值 $T_3 = 0.7$（s）

_____

4. 校核相邻线路远后备灵敏度

（1）校核支路：110kV 滨布线

$$K_{lm} = Z_{dzⅢ}' / Z_{cl} = 405.55 / 25.745\,8 = 15.75$$

测量阻抗方式描述：小方式：在 110kV 滨布线的 110kV 布雅变电站 110kV I 母侧发生两相相间短路 $K_{lm}=15.75{>}1.2$ ，能够满足 110kV 滨布线远后备灵敏度要求

（2）校核支路：110kV 滨洛线

$$K_{lm}=Z'_{dzIII}/Z_{cl}=405.55/16.7511=24.21$$

测量阻抗方式描述：小方式：在 110kV 滨洛线的 110kV 洛浦变电站 110kV I 母侧单端跳开，在跳开处发生三相相间短路

$K_{lm}=24.21{>}1.2$ ，能够满足 110kV 滨洛线远后备灵敏度要求

---

5. 零序保护

整定对象：整定 110kV 玉滨线 220kV 玉龙变电站侧零序电流 I 段

TV 变比：110 000/100 V　　TA 变比：600/5 A

本线路长度：36.4 km

（1）按躲线路末端故障整定

$$I_{0I}\geqslant K_k*3*I_{0Imax}=1.3\times3\times583.2575=2274.7$$

电流最值方式描述：大方式：在 110kV 玉滨线的 110kV 滨河变电站 110kV I 母侧单端跳开，在跳开处发生单相接地短路

定值区间：$I_{0I}\geqslant2274.7$

$$I_{0I}=2274.7$$

零序电流 I 段整定结果

I 段定值 $I_{0I}=2274.7$ （A）

I 段二次值 $I'_{0I}=I_{0I}/TA=2274.7/(600/5)=18.96$ （A）

I 段时间定值 $T_I=0$ （s）

整定对象：整定 110kV 玉滨线 220kV 玉龙变电站侧零序电流 II 段

TV 变比：110 000/100V　　TA 变比：600/5A

本线路长度：36.4km

上段定值=2274.7

（2）按保证线路末端故障有灵敏度整定

$$I_{0II}\leqslant3*I_{0Imin}/K_{lm}=3*271.3625/1.4=581.49$$

电流最值方式描述：小方式：在 110kV 玉滨线的 110kV 滨河变电站 110kV I 母侧发生单相接地短路

（3）与相邻线路零序电流 I/II 段配合

1）配合支路：110kV 滨布线。

$$I_{0II}\geqslant K_k*K_{fz}*I'_{dz}=1.15*0.5616*1934.14=1249.15$$

$$T_2\geqslant0+0.3=0.3$$

与本段保护配合不满足灵敏度要求，考虑与下一段保护配合！

$$I_{0II} \geqslant K_k * K_{fz} * I'_{dz} = 1.15 \times 0.5616 \times 142.45 = 92$$

$$T_2 \geqslant 0.3 + 0.3 = 0.6$$

分支系数方式描述：小方式：在 110kV 滨布线的 110kV 布雅变压器 110kV Ⅰ 母侧跳开，配合位置首端发生故障

2）配合支路：110kV 滨洛线。

$$I_{0II} \geqslant K_k * K_{fz} * I'_{dz} = 1.15 \times 0.3853 \times 4025.76 = 1783.79$$

$$T_2 \geqslant 0 + 0.3 = 0.3$$

与本段保护配合不满足灵敏度要求，考虑与下一段保护配合!

$$I_{0II} \geqslant K_k * K_{fz} * I'_{dz} = 1.15 \times 0.3853 \times 173.74 = 76.98$$

$$T_2 \geqslant 0.3 + 0.3 = 0.6$$

分支系数方式描述：小方式：在 110kV 滨洛线的 110kV 洛浦变电站 110kV Ⅰ 母侧发生故障

（4）按躲相邻变压器其他侧三相短路产生的不平衡电流整定

1）配合支路：110kV 滨河变电站 1 号主变压器

$$I_{0II} \geqslant K_k * K_{bph} * K_{fzq} * K_{tx} * I_{max} = 1.3 \times 0.1 \times 2 \times 0.5 \times 1064.257 = 138.35$$

电流最值方式描述：大方式：在 110kV 滨河变电站 1 号主变压器的中压侧发生三相相间短路

2）配合支路：110kV 滨河变电站 2 号主变压器

$$I_{0II} \geqslant K_k * K_{bph} * K_{fzq} * K_{tx} * I_{max} = 1.3 \times 0.1 \times 2 \times 0.5 \times 1064.257 = 138.35$$

电流最值方式描述：大方式：在 110kV 滨河变电站 2 号主变压器的中压侧发生三相相间短路

定值区间：$I_{0II} \geqslant 138.35$

$$I_{0II} = 138.35$$

定值区间：$T_2 \geqslant 0.6$

$$T_2 = 0.6$$

零序电流Ⅱ段整定结果

Ⅱ段定值 $I_{0II} = 138.35$ （A）

Ⅱ段二次值 $I'_{0II} = I_{0II} / TA = 138.35 / (600 / 5) = 1.15$ （A）

Ⅱ段时间定值 $T_2 = 0.6$ （s）

二、校核本线路近后备灵敏度

校核支路：110kV 玉滨线

$$K_{lm} = 3 * I_{0min} / I_{0dzII} = 3 \times 271.3625 / 138.35 = 5.88$$

电流最值方式描述：小方式：在 110kV 玉滨线的 110kV 滨河变电站 110kV Ⅰ 母侧发生单相接地短路 $K_{lm} = 5.88 > 1.4$，能够满足 110kV 玉滨线灵敏度要求

整定对象：整定 110kV 110kV 玉滨线 220kV 玉龙变电站侧零序电流Ⅲ段

TV 变比：110 000/100V　　　TA 变比：600/5A

本线路长度：36.4km

上段定值=138.35

1. 按保证相邻线路末端故障有灵敏度整定

（1）配合支路：110kV 滨布线

$$I_{0Ⅲ} \leqslant 3 * I_{0Imin} / K_{lm} = 3 \times 74.7108 / 1.2 = 186.78$$

电流最值方式描述：大方式：在 110kV 滨布线的 110kV 布雅变电站 110kV Ⅰ 母侧发生单相接地短路

（2）配合支路：110kV 滨洛线

$$I_{0Ⅲ} \leqslant 3 * I_{0Imin} / K_{lm} = 3 \times 237.8109 / 1.2 = 594.53$$

电流最值方式描述：大方式：在 110kV 滨洛线的 110kV 洛浦变电站 110kV Ⅰ 母侧发生单相接地短路

2. 与相邻线路零序电流Ⅱ/Ⅲ段配合

（1）配合支路：110kV 滨布线

$$I_{0Ⅲ} \geqslant K_k * K_{fz} * I'_{dz} = 1.15 \times 0.5616 \times 142.45 = 92$$

$$T_3 \geqslant 0.3 + 0.3 = 0.6$$

与本段保护配合满足灵敏度要求，不再考虑与下一段保护配合！

分支系数方式描述：小方式：在 110kV 滨布线的 110kV 布雅变电站 110kV Ⅰ 母侧跳开，配合位置首端发生故障

（2）配合支路：110kV 滨洛线

$$I_{0Ⅲ} \geqslant K_k * K_{fz} * I'_{dz} = 1.15 \times 0.3853 \times 173.74 = 76.98$$

$$T_3 \geqslant 0.3 + 0.3 = 0.6$$

与本段保护配合满足灵敏度要求，不再考虑与下一段保护配合！

分支系数方式描述：小方式：在 110kV 滨洛线的 110kV 洛浦变电站 110kV Ⅰ 母侧发生故障

3. 按躲相邻变压器其他侧三相短路产生的不平衡电流整定

（1）配合支路：110kV 滨河变电站 1 号主变压器

$$I_{0Ⅲ} \geqslant K_k * K_{bph} * K_{fzq} * K_{tx} * I_{max} = 1.3 \times 0.1 \times 2 \times 0.5 \times 1064.257 = 138.35$$

电流最值方式描述：大方式：在 110kV 滨河变电站 1 号主变压器的中压侧发生三相相间短路

（2）配合支路：110kV 滨河变电站 2 号主变压器

$$I_{0Ⅲ} \geqslant K_k * K_{bph} * K_{fzq} * K_{tx} * I_{max} = 1.3 \times 0.1 \times 2 \times 0.5 \times 1064.257 = 138.35$$

电流最值方式描述：大方式：在 110kV 滨河变电站 2 号主变压器的中压侧发生三相相间短路

定值区间：$138.35 \leqslant I_{0Ⅲ} \leqslant 186.78$

按灵敏度较高取值 $I_{0III} = 138.35$

定值区间：$T_3 \geqslant 0.7$

$T_3 = 0.7$

时间小于上段时间加级差，取上段时间加级差：$T_3 = 0.9$。

————————————————————————————————

零序电流Ⅲ段整定结果

Ⅲ段定值 $I_{0III} = 138.35$（A）

Ⅲ段二次值 $I'_{0III} = I_{0III} / TA = 138.35 / (600 / 5) = 1.15$（A）

Ⅲ段时间定值 $T_3 = 0.9$（s）

————————————————————————————————

三、校核相邻线路远后备灵敏度

（1）校核支路：110kV 滨布线

$$K_{lm} = 3 \times I_{0min} / I_{0III} = 3 \times 74.7108 / 138.35 = 1.62$$

电流最值方式描述：大方式：在 110kV 滨布线的 110kV 布雅变电站 110kV Ⅰ 母侧发生单相接地短路

$K_{lm} = 1.62 > 1.2$，能够满足 110kV 滨布线远后备灵敏度要求

（2）校核支路：110kV 滨洛线

$$K_{lm} = 3 \times I_{0min} / I_{0III} = 3 \times 237.8109 / 138.35 = 5.16$$

电流最值方式描述：大方式：在 110kV 滨洛线的 110kV 洛浦变电站 110kV Ⅰ 母侧发生单相接地短路 $K_{lm} = 5.16 > 1.2$，能够满足 110kV 滨洛线远后备灵敏度要求

整定对象：整定 110kV 110kV 玉滨线 220kV 玉龙变电站侧零序电流Ⅳ段

TV 变比：110 000/100 V   TA 变比：600/5 A

本线路长度：36.4km

取值同上段定值

8.4　小结

本章主要介绍了面向原理保护的整定计算程序设计方法。详细介绍了基于"专家库"的整定原则数据库设计规则，介绍了全网自动整定的流程和面向工程的整定计算流程，对环网整定中的断点选取及取值规则做了重点说明。

8.5　参考文献

［1］刘健，赵海鸣. 继电保护整定计算及定值仿真系统［J］. 继电器，2002（9）.

［2］张伯明，高景德. 高等电力网络分析［M］. 北京：清华大学出版社，1996.

［3］仇向东，张永浩，陈育平，等. 面向中调的整定计算软件的设计和开发［J］. 电力信息化，2007，12（39–41）.

［4］李志兴，蔡泽祥，许志华. 继电保护装置动作逻辑的数字仿真系统［J］. 电力系统

自动化，2006，30（12），97–101.

　　[5] 李银红，段献忠. 电力系统线路保护整定计算一体化系统 [J]. 电力系统自动化，2003，27（9）：66–69.

　　[6] 石东源，王星华，段献忠. 电网继电保护分析计算及管理一体化系统研究 [J]. 华中科技大学学报，2004，32（9）：39–42.

第 9 章

面向保护装置的整定计算程序设计

9.1　保护装置概述及特点

一般来说，继电保护装置包括测量部分和定值调整部分、逻辑判断部分和执行输出部分。测量部分从被保护对象输入有关信号，与给定的整定值相比较，决定保护是否动作，根据测量部分各输出量的大小、性质、出现的顺序或它们的组合，使保护装置按一定的逻辑关系工作，最后确定保护应有的动作行为，由执行部分立即或延时发出警报信号或跳闸信号。

随着电子计算机技术的发展，微机保护广泛应用于电力系统中，其主要特点是维护调试方便、可靠性高、易于获得附加功能、灵活性大、保护性能高、经济性好等。

9.2　基于保护装置的整定计算

传统的整定计算程序在设计时，往往只考虑基于继电保护某一原理的定值计算，例如线路相间距离保护、线路接地距离保护、线路零序电流保护、线路阶段电流保护、变压器过流保护、变压器零序电流保护、变压器阻抗保护。在保护装置实际运行中，要保证保护装置的可靠、正确动作，还涉及相关保护的启动值、闭锁值、相关系数值、保护控制字、出口控制字以及装置参数、压板定值等。因此，继电保护定值计算往往基于保护装置定值，而非某一保护类型。

面向保护装置的整定计算是基于保护装置模型，涵盖装置参数、保护定值（包括各保护类型启动值、闭锁值、原理值、保护控制字、出口控制字）、压板定值等装置相关定值的综合计算过程。面向保护装置整定的整定计算程序整体框架设计如图 9–1 所示。

如图 9–1 所示，基于保护装置的定值计算由保护设备和保护装置两个核心部分构成。其中，保护设备的相关数据模型及计算模型都已有了相应规范和标准，在整定计算程序基础数据模型设计时均已考虑。因此，保护装置模型的设计是面向保护装置整定计算程序设计的重点和难点。

在设计保护装置模型时，应考虑模型的通用性，从保护装置的动作原理出发，屏蔽各保护装置设备厂家的差异，以实现应用的通用性和数据交互的标准和规范性。建立的保护装置模型应能够完整表达实际电力系统保护装置的各种系统参数、保护定值、控制字、压板定值等信息。

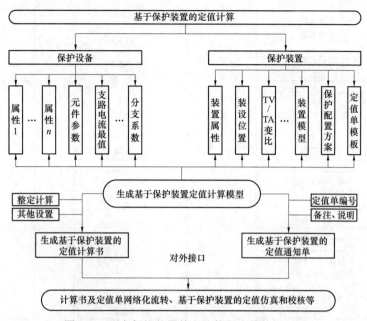

图 9-1 面向保护装置整定计算程序整体框架图

9.3 基于专家系统知识平台的保护装置模型建立方法

专家系统知识库是保护装置模型建立极其重要的部分，知识库的质量直接影响装置模型的建立和应用。继电保护整定计算知识可分为两种类型：一是基础原理和理论，另一种是基于直接或间接行业经验积累的专业知识。

9.3.1 装置库知识设计

9.3.1.1 变量知识元素表示

保护定值计算时，涉及变量可分为如下类型：

（1）常规变量。为使保护装置在电力系统正常运行时可靠不动作，在故障状态下有选择性地可靠而灵敏地动作，在整定继电保护的定值时需要引入各种系数，例如可靠系数、灵敏系数、返回系数、自启动系数等。

（2）电气量。根据不同类型装置的特点，电气量分为元件参数、短路电流信息、母线残压信息、相邻支路参数信息等。每一类的具体信息在项目列表中，同时项目列表中所包含的元素又会有不同的数值含义，例如元件参数可详细分类为线路长度、正序电抗、零序电抗、正序电阻、零序电阻等。

（3）配合量。主要为配合定值，用户可以选择与知识库中的任何定值配合，包括本支路其他定值、相邻支路定值、上级支路定值等，同时，可以根据需要选择需要配合的设备的不同类型的定值，如电抗、电压、电流等类型，定值也可以根据实际选择具体保护类型的具体定值，如过电流Ⅰ段保护定值、零序Ⅰ段保护定值等具体定值。

定值计算时，通过各种运算关系把各变量联系起来，构成保护定值计算表达式。变量知识元素及运算关系设计如图 9-2 所示。

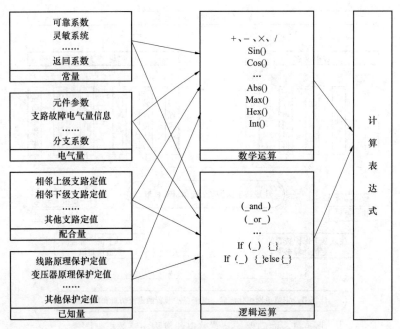

图9-2　变量知识元素计算表达式结构图

9.3.1.2　整定原则知识表示

根据继电保护原理，国家制定了相关规程、导则，作为保护定值整定计算的知识源之一。整定原则知识库除了整定计算规程、导则的整定原则知识外，还汇总了电力行业运行经验，充实和丰富了知识源。

继电保护原理决定了保护定值的知识情景，具体包括：过量保护、欠量保护、定值的速动性、定值的灵敏性、定值的选择性等情景。根据保护配置和现场接线情况，可设置不同原则的优先等级，以实现定值性能的最优。

9.3.1.3　定值知识推理

定值变量知识元素结合运算关系，匹配整定原则，根据知识源和知识应用情景，建立定值推理机制，生成定值。定值推理生成结构示意图如图9-3所示。

9.3.1.4　保护装置知识表示设计

根据保护装置硬件构成，采用层次结构来描述保护装置结构，保护装置结构层次如图9-4所示，由6个层次构成。

层次1：装置类型是指所要保护的电力设备的类型，例如：电力线路、变压器、发电机、母线等电力设备。

层次2：装置型号是指各厂家生产的保护装置所给定的保护装置型号。例如：南瑞公司的RCS-931型输电线路成套保护装置、四方公司的CSC-101A数字式超高压线路保护等保护装置。

层次3：一套保护装置包含多种保护类型，用层次3来确定每个保护装置所包含的保护类型，例如：线路高频距离保护、变压器差动保护、线路重合闸等。

层次4：不同保护类型的定值项的确定各不相同，层次4根据保护的类型配置相应的定值项，例如：启动电流、距离Ⅰ段定值等。

层次 5：主要体现定值整定计算的原则和计算表达式。

层次 6：主要定义计算表达式中各变量的意义。

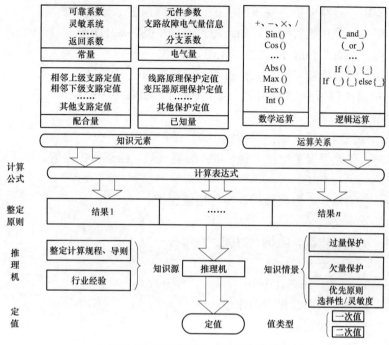

图 9-3　定值推理生成结构示意图

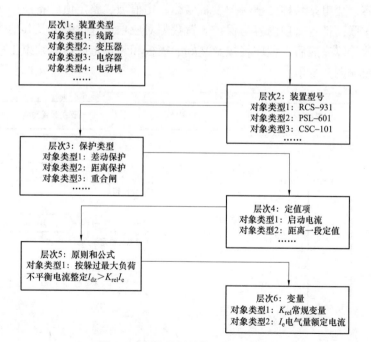

图 9-4　保护装置结构层次示意图

9.3.2　自定义保护装置的整定计算方案

根据被保护设备装设的保护装置，定义保护装置的整定计算方案，保护装置计算方案定义结构如图 9-5 所示。保护装置整定方案定义包括：

（1）保护装置属性定义。

保护装置类型：线路保护、变压器保护、断路器保护、母线保护等。

保护装置型号：保护装置型号，如：RCS-931，PSL-621D……

版本号：保护装置软件版本，如：V1.01，V2.35……

机箱号：保护装置机箱号码，如：机箱 A、机箱 B……

CPU 号：机箱所包括的 CPU 号码，如：CPU1、CPU2……

（2）保护组属性定义。

保护组号：保护组号码，如：保护组 100、保护组 200……

保护组名称：装置里保护组的名称，如：装置参数、距离保护定值、变压器高压侧保护定值、压板定值……

保护类型：差动保护、距离保护、零序电流保护……

（3）定值属性定义。

定值类型：电压、电流、阻抗、时间、功率……

单位：A、V、Ω、s……

整定范围：0.1～20、20～100……

逻辑关系：启动量、闭锁量、动作量……

（4）定值通知单模板定义。

定值单格式：Word、Excel……

定值单内容：变电站名称、被保护设备名称、定值项、整定值、备注……

定值内容关联：把定值项内容与保护装置模型对应项进行关联以及其他内容进行关联，在保护装置定值计算完成后，程序将按定义好的模板和装置定值计算结果生成定值通知单，定值通知单模板如图 9-6 所示。

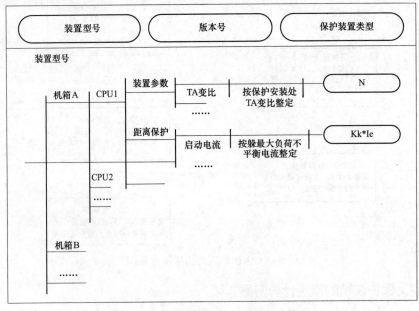

图 9-5　保护装置计算方案定义结构图

※其他#厂站名称※定值通知单

第※其他#定值单编号※号第 1 页
计算日期：※其他#日期※

线路名	开关号	TA变比	TV变比	装置型号
※其他#支路名	※其他#保护开关※	※机箱	※机箱 A#CPU1#距	PSL-621C

距 离 保 护 整 定 值

序号	定值名称	整定值	序号	定值名称	整定值
1	控制字	※机箱	13	接地距离Ⅰ段阻抗	※机箱 A#CPU1#距
2	线路正序阻抗角	※机箱	14	接地距离Ⅱ段阻抗	※机箱 A#CPU1#距
3	距离保护电阻定值	※机箱	15	接地距离Ⅲ段阻抗	※机箱 A#CPU1#距
4	零序辅助启动定值	※机箱	16	接地距离Ⅰ段时间	※机箱 A#CPU1#距
5	零序电阻补偿系数	※机箱	17	接地距离Ⅱ段时间	※机箱 A#CPU1#距
6	零序电抗补偿系数	※机箱	18	接地距离Ⅲ段时间	※机箱 A#CPU1#距
7	相间距离Ⅰ段阻抗	※机箱	19	过流保护Ⅰ段电流	※机箱 A#CPU1#距
8	相间距离Ⅱ段阻抗	※机箱	20	过流保护Ⅱ段电流	※机箱 A#CPU1#距
9	相间距离Ⅲ段阻抗	※机箱	21	过流保护Ⅰ段时间	※机箱 A#CPU1#距
10	相间距离Ⅰ段时间	※机箱	22	过流保护Ⅱ段时间	※机箱 A#CPU1#距
11	相间距离Ⅱ段时间	※机箱	23	测距系数	※机箱 A#CPU1#距
12	相间距离Ⅲ段时间	※机箱			
说明					
※其他#说明 2※					

图 9-6　定值单模版关联示意图

9.4　面向保护装置整定流程

面向保护装置整定流程如图 9-7 所示。

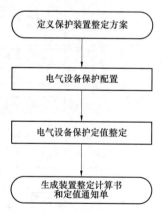

图 9-7　面向保护装置整定流程

9.5　算例

面向保护装置整定算例系统接线如图 9-8 所示，在 AB 线 A 站侧配置了 PSL-621C 保护装置，该保护装置的整定计算方案定义如图 9-9 所示。

一次设备 AB 线与保护装置 PSL-621C 的关联配置关系如图 9-10 所示。

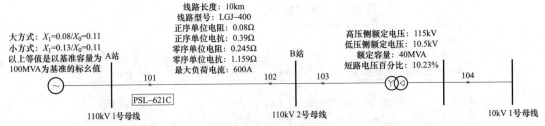

图 9-8　算例系统接线图

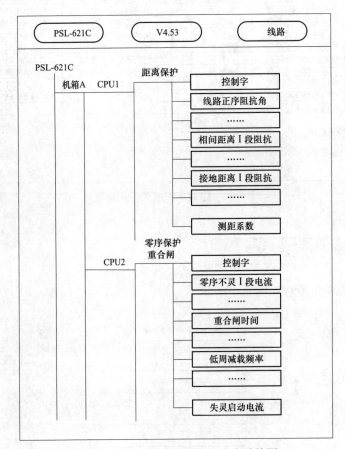

图 9-9　PSL-621C 装置定义方案结构图

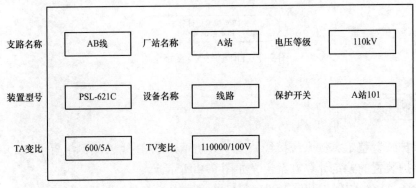

图 9-10　保护装置配置结构图

保护装置 PSL–621C 的整定计算过程如下：

装置名称：PSL–621C（4.53）　整定对象：AB 线 A 站 110kV 1 号母线侧
TA 变比为：600/5，TV 变比为 110 000/100。

机箱：A

CPU：A1

一、距离保护

1. 控制字（KG1）：

按实际功能整定

KG1=Hex（K15，K14，K13，K12，K11，K10，K9，K8，K7，K6，K5，K4，K3，K2，K1，K0）=Hex（1，1，0，0，0，0，0，0，1，1，1，0，0，0，0，1）=C0E1

K0：置 1：后加速 Ⅱ 段投入‖置 0：后加速 Ⅱ 段退出，ZB0=1

K1：置 1：后加速 Ⅲ 段投入‖置 0：后加速 Ⅲ 段退出，ZB1=0

K2：置 1：振荡闭锁功能投入‖置 0：振荡闭锁功能退出，ZB2=0

K3：置 1：双回线相继加速动功能投入‖置 0：双回线相继加速动功能退出，ZB3=0

K4：置 1：不对称故障相继速动功能投入‖置 0：不对称故障相继速动功能退出，ZB4=0

K5：置 1：TV 断线时过流保护投入‖置 0：PT 断线时过流保护退出，ZB5=1

K6：置 1：TV 断线时健全相距离保护投入‖置 0：PT 断线时健全相距离保护退出，ZB6=1

K7：置 1：距离 Ⅲ 段偏移特性投入‖置 0：距离 Ⅲ 段偏移特性退出，ZB7=1

K8：置 1：过流保护投入‖置 0：过流保护退出，ZB8=0

K9：置 1：距离 Ⅲ 段合闸加速延时 1.5s 动作‖置 0：距离 Ⅲ 段合闸加速瞬时动作，ZB9=0

K10：备用，ZB10=0

K11：备用，ZB11=0

K12：备用，ZB12=0，0

K13：备用，ZB13=0

K14：置 1：TA 额定电流为 1A‖置 0：TA 额定电流为 5A，ZB14=1

K15：置 1：电流、电压求和自检功能投入‖置 0：电流、电压求和自检功能退出，ZB15=1

KG1=C0E1

2. 线路正序阻抗角（A1）：

按线路正序阻抗角整定

A1=ArcTan(X1÷R1)=ArcTan(3.901 375÷0.793 500 1)=78.503 43

X1：正序电抗，3.901 375

R1：正序电阻，0.793 500 1

A1=78.5°

3. 距离保护电阻定值（Rl）：

按躲最小负荷阻抗整定

Rl=Kk×0.9×Ue÷(K×Sqrt(3)×Ifmax)=0.5×0.9×110 000÷(1.8×Sqrt(3)×600)=26.461 89

Ifmax：最大负荷电流（A），600

U_e：电压等级（V），110 000

Kk：可靠系数，0.5

K：综合系数，1.8

Rl=26.46Ω

Rl 二次定值=26.46÷(110 000÷100)×(600÷5)=2.89Ω

4. 零序辅助启动门坎（I0Q）：

按躲过最大零序不平衡电流整定

I0Q=Kk×Ifmax=0.2×600=120

Kk：可靠系数，0.2

Ifmax：最大负荷电流（A），600

I0Q=120A

I0Q 二次定值=120÷(600÷5)=1A

5. 零序电阻补偿系数（KR0）：

按公式 R0–R1/3R1 整定

KR0=(R0–R1)÷(3×R1)=(2.446 625–0.793 500 1)÷(3×0.793 500 1)=0.694 444 3

R0：零序电阻，2.446 625

R1：正序电阻，0.793 500 1

KR0=0.69

6. 零序电抗补偿系数（KX0）：

按公式 X0–X1/3X1 整定

KX0=(X0–X1)÷(3×X1)=(11.585 1–3.901 375)÷(3×3.901 375)=0.656 497 2

X1：正序电抗，3.901 375

X0：零序电抗，11.585 1

KX0=0.66

7. 相间距离Ⅰ段阻抗（ZX1）：

按原理保护整定

ZX1=Z=3.18

Z：线路相间距离保护Ⅰ段定值，3.18

ZX1=3.18Ω

ZX1 二次定值=3.18÷(110 000÷100)×(600÷5)=0.35Ω

8. 相间距离Ⅱ段阻抗（ZX2）：

按原理保护整定

ZX2=Z=5.97

Z：线路相间距离保护Ⅱ段定值，5.97

ZX2=5.97Ω

ZX2 二次定值=5.97÷(110 000÷100)×(600÷5)=0.65Ω

9. 相间距离Ⅲ段阻抗（ZX3）：

按原理保护整定

ZX3=Z=36.33

Z：线路相间距离保护Ⅲ段定值，36.33

ZX3=36.33Ω

ZX3 二次定值=36.33÷(110 000÷100)×(600÷5)=3.96Ω

10. 相间距离Ⅰ段时间（TX1）：

按原理保护整定

TX1=t=0

t：线路相间距离保护Ⅰ段延时，0

TX1=0S

11. 相间距离Ⅱ段时间（TX2）：

按原理保护整定

TX2=t=0.3

t：线路相间距离保护Ⅱ段延时，0.3

TX2=0.3s

12. 相间距离Ⅲ段时间（TX3）：

按原理保护整定

TX3=t=0.6

t：线路相间距离保护Ⅲ段延时，0.6

TX3=0.6S

13. 接地距离Ⅰ段阻抗（ZD1）：

按原理保护整定

ZD1=Z=2.79

Z：线路接地距离保护Ⅰ段定值，2.79

ZD1=2.79Ω

ZD1 二次定值=2.79÷(110 000÷100)×(600÷5)=0.3Ω

14. 接地距离Ⅱ段阻抗（ZD2）：

按原理保护整定

ZD2=Z=5.97

Z：线路接地距离保护Ⅱ段定值，5.97

ZD2=5.97Ω

ZD2 二次定值=5.97÷(110 000÷100)×(600÷5)=0.65Ω

15. 接地距离Ⅲ段阻抗（ZD3）：

按原理保护整定

ZD3=Z=36.33

Z：线路接地距离保护Ⅲ段定值，36.33

ZD3=36.33Ω

ZD3 二次定值=36.33÷(110 000÷100)×(600÷5)=3.96Ω

16. 接地距离Ⅰ段时间（TD1）：

按原理保护整定

TD1=t=0

t：线路接地距离保护Ⅰ段延时，0

TD1=0S

17. 接地距离Ⅱ段时间（TD2）：

按原理保护整定

TD2=t=0.3

t：线路接地距离保护Ⅱ段延时，0.3

TD2=0.3S

18. 接地距离Ⅲ段时间（TD3）：

按原理保护整定

TD3=t=0.6

t：线路接地距离保护Ⅲ段延时，0.6

TD3=0.6S

19. 过流保护Ⅰ段电流（IGL1）：

按保线末故障有灵敏度整定

IGL1=Idmin÷Klm=2781.439÷1.5=1854.293

Idmin：本支路末端相间短路流过本侧保护电流最小值（A），2781.439

Idmin方式描述：系统小方式，：在AB线的B站110kV 2号母线侧发生两相相间短路

Klm：灵敏系数，1.5

IGL1=1854.29A

IGL1 二次定值=1854.29÷（600÷5）=15.45A

20. 过流保护Ⅱ段电流（IGL2）：

按躲最大负荷电流整定

IGL2=Kk×Ifmax=1.2×600=720

Kk：可靠系数，1.2

Ifmax：最大负荷电流（A），600

IGL2=720A

IGL2 二次定值=720÷（600÷5）=6A

21. 过流保护Ⅰ段时间（TGL1）：

按经验值整定

TGL1=t=0.3

t：动作时间，0.3

TGL1=0.3S

22. 过流保护Ⅱ段时间（TGL2）：

按与相间距离Ⅲ段动作时间相同整定

TGL2=t=0.6

t：线路相间距离保护Ⅲ段延时，0.6

TGL2=0.6S

23. 测距系数（KB）：

按公式 L/X1×Npt/Nct 整定

KB=L÷X1×（Npt÷Nct）=10÷3.901 375×（1100÷120）=23.495 99

Npt：TV 变比，1100

X1：正序电抗，3.901 375

Nct：TA 变比，120

L：线路长度，10

KB=23.5km/Ω

CPU：A2

二、零序保护及重合闸

1. 控制字（KG2）：

按实际功能整定

KG2=Hex（K15，K14，K13，K12，K11，K10，K9，K8，K7，K6，K5，K4，K3，K2，K1，K0）=Hex（1，1，0，0，0，0，1，1，0，1，0，0，0，0，0，1）=C341

K0：置 1：开关偷跳重合┃置 0：开关偷跳不重合，IB0=1

K1：置 1：重合闸检无压┃置 0：重合闸不检无压，IB1=0

K2：置 1：重合闸检同期┃置 0：重合闸不检同期，IB2=0

K3：备用，IB3=0

K4：备用，IB4=0

K5：置 1：TV 断线时零序保护延时动作┃置 0：TV 断线时零序保护不延时动作，IB5=0

K6：置 1：零序保护经无 3U0 突变量闭锁┃置 0：零序保护不经无 3U0 突变量闭锁，IB6=1

K7：置 1：零序电流加速段带方向┃置 0：零序电流加速段不带方向，IB7=0

K8：置 1：零序电流Ⅳ段带方向┃置 0：零序电流Ⅳ段不带方向，IB8=1

K9：置 1：零序电流Ⅲ段带方向┃置 0：零序电流Ⅲ段不带方向，IB9=1

K10：置 1：零序电流Ⅱ段带方向┃置 0：零序电流Ⅱ段不带方向，IB10=0

K11：置 1：零序电流Ⅰ段带方向┃置 0：零序电流Ⅰ段不带方向，IB11=0

K12：置 1：加速段经二次谐波制动┃置 0：加速段不经二次谐波制动，IB12=0

K13：备用，IB13=0

K14：置 1：TA 额定电流为 5A┃置 0：TA 额定电流为 1A，IB14=1

K15：置 1：电流、电压求和自检投入┃置 0：电流、电压求和自检退出，IB15=1

KG2=C341

2. 零序不灵Ⅰ段电流（I0B1）：

按零序Ⅰ段定值整定

I0B1=I=4716.66

I：线路零序电流保护Ⅰ段定值，4716.66

I0B1=4716.66A

I0B1 二次定值=4716.66÷（600÷5）=39.31A

3. 零序Ⅰ段电流（I01）：

按原理保护整定

I01=I=4716.66

I：线路零序电流保护Ⅰ段定值，4716.66

I01=4716.66A

I01 二次定值=4716.66÷（600÷5）=39.31A

4. 零序Ⅱ段电流（I02）：

按原理保护整定

I02=I=1086.165

I：线路零序电流保护Ⅱ段定值，1086.165

I02=1086.17A

I02 二次定值=1086.17÷（600÷5）=9.05A

5. 零序Ⅲ段电流（I03）：

按原理保护整定

I03=I=1086.165

I：线路零序电流保护Ⅲ段定值，1086.165

I03=1086.17A

I03 二次定值=1086.17÷（600÷5）=9.05A

6. 零序Ⅳ段电流（I04）：

按原理保护整定

I04=I=300

I：线路零序电流保护Ⅳ段定值，300

I04=300A

I04 二次定值=300÷（600÷5）=2.5A

7. 零序加速段电流（I0J）：

按线路末端故障有灵敏度整定

I0J=3×I0dmin÷Klm=3×906.678÷1.5=1813.356

Klm：灵敏系数，1.5

I0dmin：本支路末端接地短路流过本侧保护零序电流最小值（A），906.678

I0dmin 方式描述：系统小方式，在 AB 线的 B 站 110kV 2 号母线侧发生两相接地短路

I0J=1813.36A

I0J 二次定值=1813.36÷（600÷5）=15.11A

8. 零序Ⅰ段时间（T01）：

按原理保护整定

T01=t=0

t：线路零序电流保护Ⅰ段延时，0

T01=0S

9. 零序Ⅱ段时间（T02）：

按原理保护整定

T02=t=0.3

t：线路零序电流保护Ⅱ段延时，0.3

T02=0.3S

10. 零序Ⅲ段时间（T03）：

按原理保护整定

T03=t=0.6

t：线路零序电流保护Ⅲ段延时，0.6

T03=0.6S

11. 零序Ⅳ段时间（T04）：

按原理保护整定

T04=t=0.9

t：线路零序电流保护Ⅳ段延时，0.9

T04=0.9S

12. 零序加速段时间（TOJ）：

按经验值整定

TOJ=t=0.1

t：动作时限，0.1

TOJ=0.1S

13. 重合闸检同期定值（ACH）：

按经验值整定

ACH=α=30

α：角度，30

ACH=30°

14. 重合闸检无压定值（UD）：

按经验值整定

UD=U=30

U：无压值，30

UD=30V

15. 重合闸时间（TCH）：

按经验值整定

TCH=t=1.5

t：动作时限，1.5

TCH=1.5s

16. 低周减载频率（FJZ）：

按经验值整定

FJZ=F=49

F：频率，49

FJZ=49Hz

17. 低周减载时间（TJZ）：

按经验值整定

TJZ=t=0.2

t：动作时限，0.2

TJZ=0.2S

18. 低周减载闭锁电压（UBS）：

按经验值整定

UBS=U=60

U：闭锁电压，60

UBS=60V

19. 低周减载闭锁滑差（FD）：

按经验值整定

FD=F=5

F：滑差，5

FD=5Hz/s

20. 低压减载电压（UDJ）：

按经验值整定

UDJ=U=60

U：减载电压，60

UDJ=60V

21. 低压减载时间（TDJ）：

按经验值整定

TDJ=t=20

t：减载时间，20

TDJ=20S

22. 闭锁电压变化率（UBL）：

按经验值整定

UBL=U=60

U：电压变化率，60

UBL=60V/S

23. 失灵启动电流（ISQ）：

按线路末端故障有灵敏度整定

ISQ=Idmin÷Klm=2781.439÷1.5=1854.293

Idmin：本支路末端相间短路流过本侧保护电流最小值（A），2781.439

Idmin方式描述：系统小方式，在 AB 线的 B 站 110kV 2 号母线侧发生两相相间短路

Klm：灵敏系数，1.5

ISQ=1854.29A

ISQ 二次定值=1854.29÷(600÷5)=15.45A

——————————————整定结束——————————————

保护装置 PSL-621C 生成保护装置定值通知单如下：

A 站 定 值 通 知 单

第 A 站 2012-12-001 号第 1 页

计算日期：2012 年 12 月 24 日

线路名	开关号	TA 变比	TV 变比	装置型号
AB 线	A 站 101	600/5	110 000/100	PSL-621C

距 离 保 护 整 定 值

序号	定值名称	整定值	序号	定值名称	整定值
1	控制字	C0E1	13	接地距离 I 段阻抗	0.3Ω
2	线路正序阻抗角	78.5°	14	接地距离 II 段阻抗	0.65Ω
3	距离保护电阻定值	2.89Ω	15	接地距离 III 段阻抗	3.96Ω
4	零序辅助启动定值	1A	16	接地距离 I 段时间	0s
5	零序电阻补偿系数	0.69	17	接地距离 II 段时间	0.3s
6	零序电抗补偿系数	0.66	18	接地距离 III 段时间	0.6s
7	相间距离 I 段阻抗	0.35Ω	19	过流保护 I 段电流	15.45A
8	相间距离 II 段阻抗	0.65Ω	20	过流保护 II 段电流	6A
9	相间距离 III 段阻抗	3.96Ω	21	过流保护 I 段时间	0.3s
10	相间距离 I 段时间	0s	22	过流保护 II 段时间	0.6s
11	相间距离 II 段时间	0.3s	23	测距系数	23.5kM/Ω
12	相间距离 III 段时间	0.6s			

说明

距 离 保 护 控 制 字 定 义

位号	置 1 时的含义	置 0 时的含义	整定值
15	电流、电压求和自检功能投入	电流、电压求和自检功能退出	1
14	TA 额定电流为 1A	TA 额定电流为 5A	1
13-10	备用	备用	0
9	距离 III 段合闸加速延时 1.5s 动作	距离 III 段合闸加速瞬时动作	0
8	过流保护投入	过流保护退出	0
7	距离 III 段偏移特性投入	距离 III 段偏移特性退出	1
6	TV 断线时健全相距离保护投入	TV 断线时健全相距离保护退出	1
5	TV 断线时过流保护投入	TV 断线时过流保护退出	1
4	不对称故障相继速动功能投入	不对称故障相继速动功能退出	0
3	双回线相继加速动功能投入	双回线相继加速动功能退出	0
2	振荡闭锁功能投入	振荡闭锁功能退出	0
1	后加速 III 段投入	后加速 III 段退出	0
0	后加速 II 段投入	后加速 II 段退出	1

批　准	审　核	计　算

A 站 定 值 通 知 单

第 A 站 2012-12-001 号第 2 页

计算日期：2012 年 12 月 24 日

线路名	开关号	TA 变比	TV 变比	装置型号
AB 线	A 站 101	600/5	110 000/100	PSL–621C

零序保护及重合闸整定值

序号	定值名称	整定值	序号	定值名称	整定值
1	控制字	C341	13	重合闸检同期定值	30°
2	零序不灵敏Ⅰ段电流	39.31A	14	重合闸检无压定值	30V
3	零序Ⅰ段电流	39.31A	15	重合闸时间	1.5s
4	零序Ⅱ段电流	9.05A	16	低周减载频率	49Hz
5	零序Ⅲ段电流	9.05A	17	低周减载时间	0.2s
6	零序Ⅳ段电流	2.5A	18	低周减载闭锁电压	60V
7	零序加速段电流	15.11A	19	低周减载闭锁滑差	5Hz/s
8	零序Ⅰ段时间	0s	20	低压减载电压	60V
9	零序Ⅱ段时间	0.3s	21	低压减载时间	20s
10	零序Ⅲ段时间	0.6s	22	闭锁电压变化率	60V/s
11	零序Ⅳ段时间	0.9s	23	失灵启动电流	15.45A
12	零序加速段时间	0.1s			

说明

零序保护和重合闸控制字定义

位号	置 1 时的含义	置 0 时的含义	整定值
15	电流、电压求和自检投入	电流、电压求和自检退出	1
14	TA 额定电流为 5A	TA 额定电流为 1A	1
13	备用	备用	0
12	加速段经二次谐波制动	加速段不经二次谐波制动	0
11	零序电流Ⅰ段带方向	零序电流Ⅰ段不带方向	0
10	零序电流Ⅱ段带方向	零序电流Ⅱ段不带方向	0
9	零序电流Ⅲ段带方向	零序电流Ⅲ段不带方向	1
8	零序电流Ⅳ段带方向	零序电流Ⅳ段不带方向	1

位号	置 1 时的含义	置 0 时的含义	整定值
7	零序电流加速段带方向	零序电流加速段不带方向	0
6	零序保护经无 3U0 突变量闭锁	零序保护不经无 3U0 突变量闭锁	1
5	TV 断线时零序保护延时动作	TV 断线时零序保护不延时动作	0
3、4	备用	备用	0
2	重合闸检同期	重合闸不检同期	0
1	重合闸检无压	重合闸不检无压	0
0	开关偷跳重合	开关偷跳不重合	1
批　准		审　核	计　算

9.6　小结

通过构建继电保护整定计算专家系统知识平台，建立保护装置模型，在面向保护装置整定时，自定义保护装置整定计算方案，把保护装置配置在被保护设备上，自动生成基于保护装置整定的计算模型，最终生成保护装置整定计算书和定值通知单。

面向保护装置整定的计算程序设计有如下特点：

（1）保护装置数据模型标准、规范，有利于实现电力系统一、二次设备统一建模。

（2）保护装置建模方法简便、直观，容易掌握。

（3）有利于统一和规范保护装置整定，形成标准化作业指导书。

（4）基于保护装置整定流程简明，能方便使用者快速、准确的实现保护装置整定计算书和定值通知单的生成。

9.7　参考文献

杨奇逊，黄少锋等。微机微型机继电保护基础。北京：中国电力出版社，2007.

第 *10* 章

保护定值仿真的程序设计

继电保护整定计算的工作量越来越大，保护定值的配合也越来越困难。通过继电保护定值仿真，校核定值在故障后的动作特性，模拟断路器的跳闸情况，为继电保护整定计算工作提供参考。

10.1 常规仿真方法介绍

从 20 世纪 70 年代开始，计算机技术进入了继电保护整定计算工作。随着计算机技术的发展，继电保护整定计算的速度、精度以及相应的定值校验工作都发生了质的变化。近年来，各种新技术的不断涌现为计算机定值仿真校验工作的发展提供了新的契机。这些技术主要包含以下三个方面：

（1）DTS 中的保护仿真。

调度员培训仿真系统（Dispatcher Training Simulator，DTS）是电网调度人员进行培训的一个系统的平台，DTS 仿真包含对电网的稳态仿真、准动态仿真、故障仿真、暂态仿真、全动态仿真以及针对保护定值的逻辑仿真和定值仿真。

保护定值仿真直到 20 世纪 90 年代才在 DTS 中出现，最初对于保护装置的仿真大多是电压保护、过流保护、发电机失步保护、频率保护等动作时间较长的慢速保护，这些保护都是用定值判别法实现。限于当时计算机的硬件水平和 DTS 的发展水平，无法在实时性要求前提下满足距离保护、零序电流保护等快速保护的精确仿真要求。随着计算机硬件水平的提高以及并行技术的发展，仿真计算的速度有了很大程度的提高，在离线应用或对实时性要求不高的情况下，保护定值动作的仿真得到了广泛的应用。

（2）基于故障录波的仿真校验系统。

故障录波器已在电网中广泛使用，在电力系统发生故障时，保护和故障录波器均具备了以数据方式向电网调度中心传输故障信息的可能。继电保护及故障信息管理系统的提出就是为了提高电网安全运行的调度系统信息化、智能化水平，在电网发生故障时，为调度提供实时故障信息，有效地恢复系统。

基于故障录波器数据对定值进行仿真校验的方法，是根据故障录波器测得的实时数据，对当前运行方式下的保护性能进行校核，提高系统运行的安全性。但同时，这种仿真校验系统的基本结构、工作模式等问题还处于设想阶段，还需要做进一步研究。

（3）基于网络的仿真校验系统。

电力专用网络的发展，实现了电力系统实时运行状态有效、精确地采集，保证了远距离控制信息快速、准确地传送，为电网数据共享奠定了基础，为电力系统稳定、安全、优质运行创造了条件，也为解决以往继电保护整定计算存在的问题提供了新的思路，即建立基于网络的仿真系统。

基于网络的仿真系统，利用电力网络采集实时运行方式信息，对继电保护定值进行实时的仿真校验。这种模式对网络要求较高，并且要求数据的准确性，目前已进入实验阶段。

10.2 面向保护装置的定值仿真

电力系统继电保护装置是保证电网安全稳定运行的主要组成部分，是实现定值从原理整定到工程应用的主要媒介。研究面向保护装置的定值仿真功能，对于定值整定及校核具有很重要的指导意义。下面重点介绍面向保护装置建模几个关键技术问题。

10.2.1 仿真逻辑问题

在本章第一节曾经提到，由于实时仿真对计算机软硬件水平以及数据采集装置的精确性要求很高，在线的实时仿真技术还不成熟，本章内容中所研究的仿真指的是离线的仿真应用。

离线的仿真应用对仿真的计算速度要求相对较低，其数据来源主要依赖于故障计算，因而在逻辑上可以按照固定的时间步长进行故障计算并进行保护动作分析，从而模拟特定时间段内保护的动作情况。但按照固定步长仿真也存在如下问题：

（1）仿真的计算速度慢。按照固定的时间步长进行仿真，会对大量并不关心的时间节点进行故障计算，在电网网络规模较大时对计算机资源的消耗是巨大的，大大降低了仿真的计算速度和效率。

（2）丢失关键时间节点。由于时间步长固定，如果跳闸时刻位于两个仿真时间节点之间，会导致仿真程序无法准确记录保护动作时刻；同时因为步长的原因，保护的相继动作也无法准确模拟。

针对以上问题，本节主要介绍一种基于"重要时刻"逻辑的定值仿真方法。所谓的"重要时刻"指的是根据保护当前的启动和动作情况决定的下一个保护动作或启动的时间点。基于"重要时刻"的仿真逻辑可以很好地解决按步长仿真带来的计算工作量大的问题，因为只有当有保护动作后，才会进行一次故障计算，只针对"重要时刻"进行分析，从而不会进行大量的故障计算操作，提高了仿真速度。同时，依据保护的启动时刻和时间定值确定"重要时刻"，也就不会有重要时间节点丢失的问题。

基于"重要时刻"定值仿真的基本逻辑如图 10–1 所示，通过"重要时刻"来判断下一次的故障计算何时进行，不会发生需要进行仿真的时间节点被遗漏的情况。

10.2.2 故障计算问题

保护定值的离线仿真是以故障计算为基础进行的，每次有开关跳开后，由于网络拓扑发生了变化，需要重新计算各支路的电气量。故障计算的速度直接影响了定值仿真的效率，因而研究故障计算的速度问题也是仿真的一个重要方面。

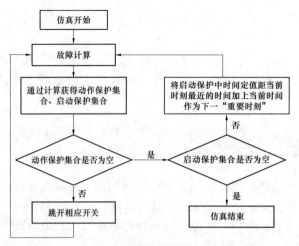

图 10-1　基于重要时刻的定值仿真逻辑图

电力系统故障计算是以电力网络的数学模型为基础的。一个已知的电力系统网络总是可以用支路方程、节点方程或回路方程来描述。其中节点方程具有易于形成、便于随电路连接状态变化而对其进行修正的优点，因此常在电力系统的分析计算中采用。

电力网络节点方程分为节点导纳方程和节点阻抗方程两类，分别如式（10-1）和式（10-2）所示。

$$I = YU \qquad\qquad (10-1)$$

$$U = ZI \qquad\qquad (10-2)$$

节点导纳矩阵 Y 描述了网络的短路参数。它与电力网络之间有简单的对应关系，可以通过扫描网络中的支路，根据支路在网络中的连接关系直接形成自导纳和互导纳，最后建立节点导纳阵。

节点阻抗阵 Z 描述了网络的开路参数。它与电力网络间的关系比较复杂，可以通过支路追加法直接建立，也可以根据已形成的节点导纳矩阵的因子表，采用连续回代法建立。

利用电力系统的节点阻抗方程，可以通过在给定的节点注入电流，即可得到各母线电压，比利用节点导纳方程便利得多，这是它的突出优点。在进行各种故障计算时，可直接取用有关节点阻抗元素进行运算，因此在多次重复使用时，计算速度快，占用机时少。

作为描述电力网络的数学模型，节点导纳矩阵和节点阻抗矩阵各有自己的特点。一般说来：在电力系统潮流和稳定计算中，应用节点导纳矩阵有明显的优点，而在故障计算尤其是在面向继电保护整定计算的故障计算中，往往需要对同一个电力网络进行反复的、大量的短路计算，此时用节点阻抗矩阵求解就有一定的优势。

由于每一仿真时刻跳开开关的数量一般很少，所以每次重新生成节点阻抗矩阵占用了大量 CPU 资源。如果是网络规模很大的电网，模型每多生成一次，消耗的时间会达到难以忍受的程度。针对这个问题，当每次有开关动作跳开的时候，不需要重新生成节点阻抗矩阵，只要对 Z 阵（节点阻抗矩阵）相应元素进行修正即可，Z 阵的修正方法在各种计算机整定计算教材中均有说明，在此不作赘述。

10.2.3　保护动作的逻辑判断

保护是否动作取决于保护安装处的电压、电流等电气量是否满足一定条件。不同类型的保护,其保护动作的逻辑是不同的。对于电流保护,无论是三段式电流保护还是零序电流保护,在不考虑电压闭锁的情况下,只需要进行数值大小的比较,即将故障计算得到的相应电流值与保护定值进行大小比较即可。对于阻抗类型的保护(以距离保护为例),当只从原理上考虑的时候,可以只比较定值与计算值的大小,但对于保护装置来说,距离保护阻抗继电器是否动作,需要考察测量阻抗是否会落入阻抗继电器的特性圆中。

对于距离保护是否动作进行逻辑判断的时候,首先从数据库中取出保护装置相应的定值项,形成阻抗继电器的特性圆。下面以圆特性和四边形特性的阻抗继电器为例来说明保护动作的逻辑判断是如何实现的。

（一）阻抗继电器的动作方程

（1）典型圆特性。

如图 10-2 为偏移圆特性的阻抗继电器的阻抗圆。

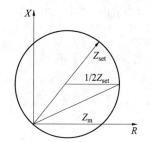

圆特性阻抗继电器的动作方程为

绝对值比较式

$$\left| Z_{\mathrm{m}} - \frac{1}{2} Z_{\mathrm{set}} \right| \leqslant \left| \frac{1}{2} Z_{\mathrm{set}} \right| \tag{10-3}$$

相位比较式

$$-90° \leqslant \arg \frac{Z_{\mathrm{set}} - Z_{\mathrm{m}}}{Z_{\mathrm{m}}} \leqslant 90° \tag{10-4}$$

图 10-2　圆特性

式中：Z_{m} 为保护范围计算中设置故障后保护安装处的测量阻抗；Z_{set} 为装置中已整定的定值。

以上是两种判断圆特性距离保护是否动作的动作方程,在仿真中选取一种即可,当计算得到的测量阻抗满足式（10-3）或式（10-4）的时候,即可判断保护动作。

（2）典型四边形特性。

不同装置采用的四边形特性是不同的,以常见的如图 10-3 所示的四边形特性的阻抗继电器为例进行说明,四边形特性的阻抗继电器动作方程由各个直线的动作方程进行逻辑上的操作组成,各直线特性的动作方程如下

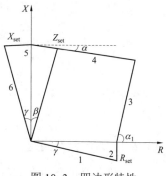

线 1 及线 6 综合的动作方程

$$-\gamma \leqslant \arg Z_{\mathrm{m}} \leqslant 90° + \gamma \tag{10-5}$$

线 2 的动作方程

$$-90° \leqslant \arg \frac{Z_{\mathrm{m}} - R_{\mathrm{set}}}{-R_{\mathrm{set}}} \leqslant 90° \tag{10-6}$$

图 10-3　四边形特性

线 3 的动作方程

$$\alpha_1 - 180° \leqslant \arg \frac{Z_{\mathrm{m}} - R_{\mathrm{set}}}{-R_{\mathrm{set}}} \leqslant \alpha_1 \tag{10-7}$$

线 4 的动作方程

$$-90° - \alpha \leqslant \arg\frac{Z_\mathrm{m} - \mathrm{j}X_\mathrm{set}}{-\mathrm{j}X_\mathrm{set}} \leqslant 90° - \alpha \qquad (10–8)$$

线 5 的动作方程

$$-90° \leqslant \arg\frac{Z_\mathrm{m} - \mathrm{j}X_\mathrm{set}}{-\mathrm{j}X_\mathrm{set}} \leqslant 90° \qquad (10–9)$$

式中：Z_m 为计算出的测量阻抗；Z_set 为距离保护的整定值；X_set 可由角 β 及 Z_set 计算出，$X_\mathrm{set} = Z_\mathrm{set}/\cos\beta$；$R_\mathrm{set}$ 是按躲正常负荷电阻整定出的定值；γ 一般取 $25°$，根据正序方向元件得到；α_1 一般取 $60°$；α 一般取 $12°$，与线路阻抗角互余；β 线路阻抗角的余角；$\beta = 90 - Z_\mathrm{angle}$，$Z_\mathrm{angle}$ 为线路阻抗角，取 $78°$。

故最终的动作方程由式（10–3）～式（10–9）通过相应的逻辑运算可得，其逻辑关系如式（10–10）所示，四边形特性阻抗继电器的动作标志 Act 为 true 时保护动作

$$Act = \left[(10-3)\bigcap(10-4)\bigcap(10-6)\bigcap(10-7)\right]\bigcup\left[(10-3)\bigcap(10-5)\bigcap(10-6)\bigcap(10-7)\right] \quad (10–10)$$

（二）距离保护动作的逻辑判断方法

在保护定值动作仿真中，判断距离保护是否动作的逻辑判断流程如图 10–4 所示。

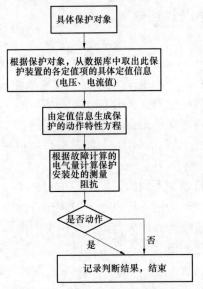

图 10–4　距离保护动作判断流程图

10.2.4　方向元件问题

方向性保护在仿真的时候需要判断故障发生位置是保护的正向还是反向，发生正向故障要求保护正常启动、动作，但反向故障时要求保护不动作。

故障方向的判断方法主要有两种：一是利用网络拓扑识别各元件的连接关系，通过故障位置和保护安装位置之间的关系，按照一定规则判断是否为正向故障。二是利用保护安装处的电压电流等电气量，通过计算确定故障位置。第一种方法的优点是判断速度快，并且可以在故障设置后即可确定各个保护相对于故障位置是正向或反向，不需要每次故障计算后反复计算判断方向问题。第二种方法的优点是准确性高，并且贴近实际保护装置方向元件的方向

判别方法。缺点是速度比第一种方法慢，并且每次故障计算后都要重新计算。

为了能够准确地模拟保护的动作，在此采用第二种方法作为仿真中保护方向元件的设计依据。方向元件判别方向主要有以下几种：

（1）90°接线的功率方向元件。

当电力系统发生三相短路的时候，由于各相对称，以 A 相为例进行说明。当线路上发生三相相间故障后，线路始端电压和故障电流的关系如图 10-5 及图 10-6 所示，U_A 超前故障电流 I_{kA} 的角度为 φ_k（线路阻抗角）。而反方向故障时，U_A 超前 I_{kA} 的角度为 $180° + \varphi_k$（假设反向的线路阻抗角也为 φ_k）。利用这一特点，可以通过计算 A 相电压和 A 相电流的角度来判断是否正向故障。

采用这种特性和接线的功率方向元件时，在其正方向出口附近接地短路时，故障相对地电压很低，功率方向元件不能动作，称为电压死区。为了减小或消除死区，接入电压采用两个非故障相间电压，在这种情况下，功率方向元件的动作特性如图 10-7 所示。

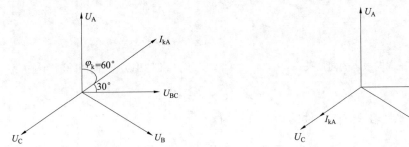

图 10-5　正向故障时，电压和电流的关系图　　　图 10-6　反向故障时，电压和电流的关系图

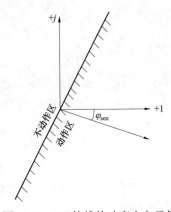

图 10-7　90°接线的功率方向元件

由图 10-5 可以看出 U_{BC} 滞后 I_{kA} 为 $90° - \varphi_k$，所以最大灵敏角 φ_{sen} 设计为 $\varphi_k - 90°$（见图 10-6），保证正向故障时方向元件有足够的灵敏性。习惯上取 $90° - \varphi_k$ 为 α，α 为功率方向继电器的内角，则功率方向继电器的动作方程为

$$90° - \alpha \geqslant \arg \frac{U_{BC}}{I_{kA}} \geqslant -90° - \alpha \tag{10-11}$$

（2）零序方向元件。

当系统发生接地故障的时候，接地系统中会有零序电流及零序电压产生。利用保护安装

处的零序电流和零序电压间的相位关系可以构成零序方向元件。

当接地系统发生接地短路的时候，零序电压和零序电流的向量关系如图 10–8 所示。

其中，φ_0 为故障点到保护安装处的零序综合阻抗的阻抗角，当接地故障发生后，负的零序电压超前零序电流为 φ_0；反方向故障时，零序电压和零序电流的关系如图 10–9 所示，零序电压超前零序电流的角度为 φ_0。根据这一关系，可以设计出零序功率方向元件来判别故障位置。

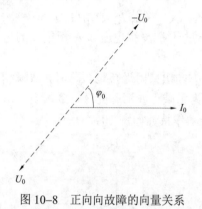

图 10–8　正向向故障的向量关系

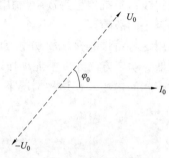

图 10–9　反向故障的向量关系

如前所述，零序功率方向元件的动作方程为

$$90° + \varphi_0 \geqslant \arg \frac{-U_0}{I_0} \geqslant \varphi_0 - 90° \tag{10–12}$$

10.3　实现流程

前面分析了从保护装置的 CIM 模型建立到仿真关键技术问题的解决方法，在此基础上，本节主要介绍继电保护定值仿真的实现流程，其步骤如图 10–10 所示。

10.4　算例

本节以北京中恒博瑞数字电力科技有限公司开发的继电保护整定计算软件为基础，结合实际电网模型来说明仿真计算的准确性。

如图 10–11 所示为仿真示例电网模型，示例电网主要包含了相应电源、线路和变压器，具有典型的单母分段接线形式。线路上配置相间距离保护，变压器配置复合电压闭锁过电流保护，具体定值配置如图所示。在线 I 距 110kV 母线 I 侧 50% 处设置三相短路故障进行仿真，仿真结果如图 10–12 所示。在该位置故障后，仿真程序跳开开关 110。仿真报告如图 10–13 所示。

由仿真报告可以看出，开关 110 上配置的相间距离保护在故障发生后 0s 的测量阻抗为 3.7，而 I 段定值为 5.92，故相间距离 I 段保护启动。同理，II 段和 III 段保护在第 0s 也均启动。因 I 段无延时动作，所以动作开关为 110，在第 0s 动作切除故障。

由于实际电网中的保护不会只配一种，需要考虑不同保护间的配合。本算例考虑线路的相间距离保护和变压器后备的复合电压闭锁过流保护，进行仿真。故障设置在仿线Ⅰ距110kV 母线Ⅰ侧 20%处，设置开关 110 拒动，考察保护的动作情况，仿真结果和仿真报告见图 10–14 及图 10–15。

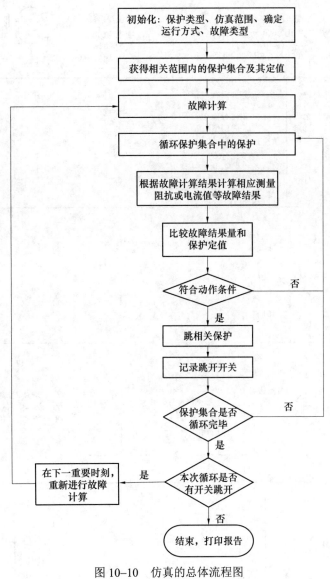

图 10–10　仿真的总体流程图

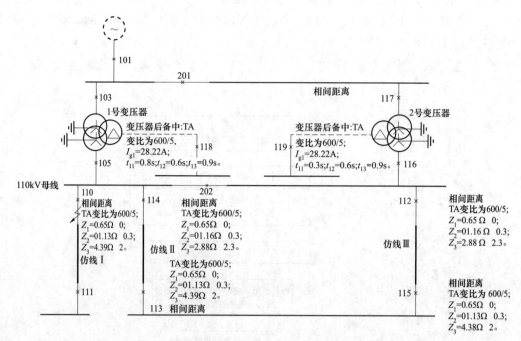

图 10-11 仿真示例电网

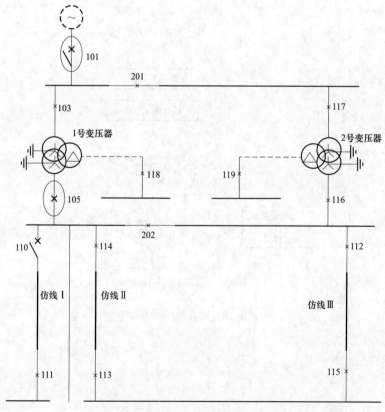

图 10-12 仿真结果

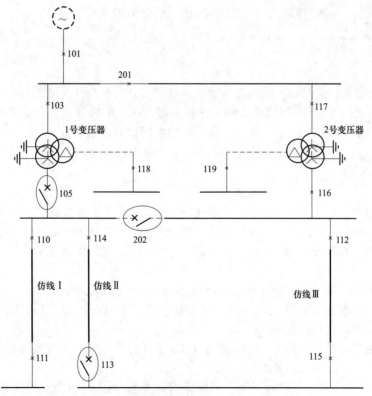

```
------ 仿真报告 ------
1、故障描述
  在线路:仿真示例厂站_仿线I上,距厂站:仿真示例厂站50.00%处发生三相相间短路;
2、校验公式
    相间距离:
      测量阻抗 Zcl=(Ua-Ub)/(Ia-Ib)与(Uc-Ua)/(Ic-Ia)与(Ub-Uc)/(Ib-Ic)中最小值
      校验公式 |1/2Zdz|>=|Zcl-1/2Zdz| 时启动
3、动作开关
```

元件名称	支路位置	启动保护	定值	测量值	时间定值	动作时刻	开关名称
仿线I	仿真示例厂站110kV母线I相间距离I段		5.92	3.701406	0	0	仿真示例厂站110

4、启动开关

元件名称	支路位置	启动保护	定值	测量值	时间定值	启动时刻	开关名称
仿线I	仿真示例厂站110kV母线I相间距离I段		5.92	3.701406	0	0	仿真示例厂站110
仿线I	仿真示例厂站110kV母线I相间距离II段		10.36	3.701406	0.3	0	仿真示例厂站110
仿线I	仿真示例厂站110kV母线I相间距离III段		40.2	3.701406	2	0	仿真示例厂站110

6、原始测量数据

支路名称	支路位置	Ua/Ia	Ub/Ib	Uc/Ic	U0/3I0	测量时间
仿线I	仿真示例厂站110kV母线I	26.34∠-11.63°	26.34∠228.37°	26.34∠108.37°	0∠0°	0
		7116.55∠-82.55°	7116.55∠157.45°	7116.54∠37.45°	0∠0°	

图 10–13 仿真报告

图 10–14 相间距离和复闭过流保护的仿真结果

1、故障描述:
在线路:仿真示例厂站_仿线I上,距厂站:仿真示例厂站20.00%处发生三相相间短路;
2、校验公式
    相间距离:
        测量阻抗 $Zcl=(Ua-Ub)/(Ia-Ib)$ 与 $(Uc-Ua)/(Ic-Ia)$ 与 $(Ub-Uc)/(Ib-Ic)$ 中最小值
        校验公式 $|1/ZZdz|>=|Zcl-1/ZZdz|$ 时启动
3、动作开关

元件名称	支路位置	启动保护	定值	测量值	时间定值	动作时刻	开关名称
仿真示例厂站1#变中压侧		复闭过流保护I段第1时限	3386.18	4631.093	0.3	0.3	仿真示例厂站202
仿真示例厂站2#变中压侧		复闭过流保护I段第1时限	3386.16	4631.105	0.3	0.3	仿真示例厂站202
仿真示例厂站1#变中压侧		复闭过流保护I段第2时限	3386.18	5253.417	0.6	0.6	仿真示例厂站105
仿线II		仿真示例厂站110kV母线IV相间距离II段	10.36	8.883413	0.3	0.9	仿真示例厂站113

4、启动开关

元件名称	支路位置	启动保护	定值	测量值	时间定值	启动时刻	开关名称
仿线I		仿真示例厂站110kV母线I相间距离I段	5.92	1.480562	0		仿真示例厂站110
仿线I		仿真示例厂站110kV母线I相间距离II段	10.36	1.480562	0.3		仿真示例厂站110
仿线I		仿真示例厂站110kV母线I相间距离III段	40.2	1.480562	2		仿真示例厂站110
仿真示例厂站1#变中压侧		复闭过流保护I段第1时限	3386.18	4631.093	0.3	0	仿真示例厂站202

图 10-15　仿真报告

从仿真结果及报告中可看出,当开关 110 拒动时,变压器中压侧复闭过流保护I段启动并在第一时限 0.3s 动作跳开 110kV 侧的母联开关 202。当母联跳开后,仿线II 中会有短路电流流过,这时其测量阻抗为 12.73,开关 113 上配置的相间距离III段此时启动,等待 2.3s 的延时。接着 1#变复闭过流I段的第二时限在 0.6 秒跳开中压侧,中压侧开关 105 跳开后,开关 113 上的相间距离II段启动,在经过 0.3s 延时后在 0.9s 跳开开关 113 后完全切除故障,之前启动的距离III段因故障切除而返回。

由以上算例可以看出,保护定值动作仿真基于故障计算,可以客观的模拟故障后保护的启动、动作情况,为保护的定值校验工作提供了强有力的支持。

10.5　小结

本章主要介绍了保护定值仿真的关键技术问题及计算机程序实现方法,分别对仿真的逻辑、故障计算、保护动作逻辑以及方向元件问题进行深入的讲解,给出了定值仿真的计算机算法。最后,结合算例,阐述了定值仿真程序的实用性和准确性。

10.6　参考文献

[1] 赵海霞,黄家栋,周庆捷.基于 CIM 的继电保护装置及其二次回路统一建模方法的研究 [C].中国高等学校电力系统及其自动化专业第二十七届学术年会,2011.

[2] 吕颖,孙宏斌,张伯明,等.在线继电保护智能预警系统的开发 [J].电力系统自动化,2006,30(4):1-5.

[3] Draft IEC 61970:Energy Management System Application.

[4] 何桦,柴京慧,许文庆,等.继电保护数据库的统一建模新方法 [J].电力系统自动化,2006,30(18):66-69.

[5] 柴京慧,何桦,顾全,等.基于 DTS 扩展的集控站二次设备仿真 [J].电力系统自动化,2008,32(1):81-84.

[6] 胡炎,曹玉峰.一种通用的继电保护数据库模型 [J].电力系统及其自动化,2008,32(15):61-65.

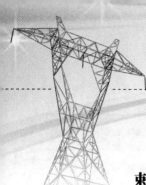

第 *11* 章

整定计算电网模型及方式图形信息

公共信息模型（Common Information Model，CIM）是一个抽象模型，描述电力企业的所有主要对象，特别是与电力运行有关的对象，是 IEC-61968 和 IEC-61970 系列标准中定义的重要组成部分。通过提供一种用对象类和属性及他们之间关系来表示电力系统资源的标准方法，CIM 方便了实现不同卖方独立开发的能量管理系统（EMS）应用的集成，多个独立开发的完整 EMS 系统之间的集成，以及 EMS 系统和其他涉及电力系统运行的不同方面的系统的集成（例如：发电或配电系统之间）。CIM 描述的电网拓扑模型和电力系统资源模型可以完整、准确地表达电网模型。各个 EMS 应用内部可以有各自的信息描述，但只要在应用程序接口语义级上基于 CIM，不同系统的应用之间就可以同样的方式访问公共数据，实现应用间的相互操作，提高应用程序之间的兼容性及系统本身的开放性。

整定计算模型需要构建电力系统的一次和二次设备全模型。目前，一次设备的建模已经基本成熟，但个别属性仍需扩展；二次设备模型在 CIM 中涉猎较少，需要扩展相关的类型。

本章详细介绍为了实现整定计算一体化、实现不同系统互操作的以 CIM 模型为基础的整定计算电网模型及方式图形模型。

11.1　一次电网物理模型描述

为满足电网调度自动化系统运行要求，电网模型应为物理连接模型，包含区域、厂站、基准电压、电压等级、间隔、断路器、隔离开关、母线、同步发电机、交流线路、负荷、变压器、变压器绕组、变压器分接头类型、并联补偿器、遥测、遥信等 22 类对象，其中各参数单位采用有名值，电压、有功、无功的单位分别为 kV、MW、Mvar。为了便于进行模型的验证测试，模型中应包括基本量测数据（如：线路潮流、母线电压、机组出力等 SACAD 实测数据）和基本参数（如：线路、变压器的阻抗、电抗等）。

11.1.1　子电网（cim：SubControlArea）

表 11-1　　　　　　子电网（cim：SubControlArea）——IEC 61970-CIM 定义

序号	属　　　　　性					是否扩展
	名　　称	描述	数据类型	量纲	属性要求	
1	cim:Naming.name	名称	String			否
2	cim:Naming.aliasName	别名	String			否
3	cim:Naming.description	描述	String			否

序号	名　称	描述	数据类型	量纲	属性要求	是否扩展
4	e301:Naming.ID	通用资源标识符（ID）	String		全局唯一标识符	是

关　联					
序号	名　称	描述	关联数量	关联类型	是否扩展
1	cim:SubControlArea.Contain_Substations	包含厂站	1..n	CIM:Substation	否
2	e301:SubControlArea.Contain_Lines	包含线路	1..n	cim:Line	否
3	cim:SubControlArea.HostControlArea	电网	1..1	CIM:SubControlArea	否
4	cim:SubControlArea.MutualGroups	包含互感组	0..n	E301:MutualGroup	否

11.1.2 基准功率类（cim：BasePower）

表 11-2　　　　基准功率类（cim：BasePower）——IEC 61970-CIM 定义

属　　　性						
序号	名　称	描述	数据类型	量纲	属性要求	是否扩展
1	cim:Naming.name	名称	String			否
2	cim:Naming.aliasName	别名	String			否
3	cim:Naming.description	描述	String			否
4	e301:Naming.ID	通用资源标识符（ID）	String		全局唯一标识符	是
5	cim:BasePower.basePower	功率基准值	Int	MVA		否

关　　　联					
序号	名　称	描述	关联数量	关联类型	是否扩展
1	cim:BasePower.BaseVoltage	基准电压	0..n	cim:BaseVoltage	否

11.1.3 基准电压类（cim：BaseVoltage）

表 11-3　　　　基准电压类（cim：BaseVoltage）——IEC 61970-CIM 定义

属　　　性						
序号	名　称	描述	数据类型	量纲	属性要求	是否扩展
1	cim:Naming.name	名称	String			否
2	cim:Naming.aliasName	别名	String			否
3	cim:Naming.description	描述	String			否

序号	名　称	描述	数据类型	量纲	属性要求	是否扩展
4	e301:Naming.ID	通用资源标识符（ID）	String		全局唯一标识符	是
5	cim:BaseVoltage.nominalVoltage	电压基准值	Float	kV		否

关　　联					
序号	名　称	描述	关联数量	关联类型	是否扩展
1	cim:BaseVoltage.BasePower	基准功率	0..1	cim:BasePower	否
2	cim:BaseVoltage.VoltageLevel	电压等级	0..n	cim:VoltageLevel	否

11.1.4　厂站类（cim：Substation）

表 11-4　　　　厂站类（cim：Substation）——IEC 61970-CIM 定义

属　　性					
序号	名　称	描述	数据类型	量纲	属性要求	是否扩展
1	cim:Naming.name	名称	String		要求采用调度命名	否
2	cim:Naming.aliasName	别名	String		按照设备通用命名规范	否
3	cim:Naming.description	描述	String			否
4	e301:Naming.ID	通用资源标识符（ID）	String		全局唯一标识符	是

关　　联					
序号	名　称	描述	关联数量	关联类型	是否扩展
1	e301:Substation.SubstationModes	厂站方式	0..n	e301:SubstationMode	是
2	cim:Substation.MemberOf_SubControlArea	子电网	0..1	cim:SubControlArea	否
3	cim:Substation.Contains_VoltageLevels	电压等级	0..n	cim:VoltageLevel	否
4	cim:Substation.Contains_Bays	间隔	0..n	cim:Bay	否
5	cim:EquipmentContainer.ConnectivityNodes	包含连接点	0..n	cim:ConnectivityNode	否
6	cim:EquipmentContainer.Contains_Equipments	包含设备	0..n	cim:Equipment	否

11.1.5　端子类（cim：Terminal）

表 11-5　　　　端子类（cim：Terminal）——IEC 61970-CIM 定义

属　　性					
序号	名　称	描述	数据类型	量纲	属性要求	是否扩展
1	cim:Naming.name	名称	String		要求采用调度命名	否
2	cim:Naming.aliasName	别名	String		按照设备通用命名规范	否

序号	名　称	描述	数据类型	量纲	属性要求	是否扩展
3	cim:Naming.description	描述	String			否
4	e301:Naming.ID	通用资源标识符（ID）	String		全局唯一标识符	是

关　联					
序号	名　称	描述	关联数量	关联类型	是否扩展
1	e301:Terminal.MutualGroup	互感组	0..1	e301:MutualGroup	是
2	cim:Terminal.ConductingEquipment	所属设备	1	cim:Conducting Equipment	否
3	cim:Terminal.ConnectivityNode	关联连接点	0..1	cim:ConnectivityNode	否
4	e301:Terminal.Line_of_Start	关联的线路起始端子	0..1	cim:Line	是

11.1.6　连接点类（cim：ConnectivityNode）

表 11-6　　　　连接点类（cim：ConnectivityNode）——IEC 61970-CIM 定义

属　性					
序号	名　称	描述	数据类型	量纲	属性要求	是否扩展

序号	名　称	描述	数据类型	量纲	属性要求	是否扩展
1	cim:Naming.name	名称	String		要求采用调度命名	否
2	cim:Naming.aliasName	别名	String		按照设备通用命名规范	否
3	cim:Naming.description	描述	String			否
4	e301:Naming.ID	通用资源标识符（ID）	String		全局唯一标识符	是

关　联					
序号	名　称	描述	关联数量	关联类型	是否扩展
1	cim:ConnectivityNode.TopologicalNode	拓扑节点	0..1	cim:TopologicalNode	否
2	cim:ConnectivityNode.Terminals	端子	0..n	cim:Terminal	否
3	cim:ConnectivityNode.MemberOf_EquipmentContainer	所属设备容器	1	cim:Equipment Container	否

11.1.7　电压等级类（cim：VoltageLevel）

表 11-7　　　　电压等级类（cim：VoltageLevel）——IEC 61970-CIM 定义

属　性					
序号	名　称	描述	数据类型	量纲	属性要求	是否扩展

序号	名　称	描述	数据类型	量纲	属性要求	是否扩展
1	cim:Naming.name	名称	String		要求采用调度命名	否
2	cim:Naming.aliasName	别名	String		按照设备通用命名规范	否

序号	名　称	描述	数据类型	量纲	属性要求	是否扩展
3	cim:Naming.description	描述	String			否
4	e301:Naming.ID	通用资源标识符（ID）	String		全局唯一标识符	是

关　联					
序号	名　称	描述	关联数量	关联类型	是否扩展
1	cim:VoltageLevel.MemberOf_Substation	变电站	1	Substation	否
2	cim:VoltageLevel.Contains_Bays	间隔	0..n	Bay	否
3	cim:VoltageLevel.BaseVoltage	基准电压	1	BaseVoltage	否

11.1.8 断路器类（cim：Breaker）

表 11-8　　　　　断路器类（cim：Breaker）——IEC 61970-CIM 定义

属　　性					
序号	名　称	描述	数据类型	量纲	属性要求	是否扩展
1	cim:Naming.name	名称	String		要求采用调度命名	否
2	cim:Naming.aliasName	别名	String		按照设备通用命名规范	否
3	cim:Naming.description	描述	String			否
4	e301:Naming.ID	通用资源标识符（ID）	String		全局唯一标识符	是

关　　联					
序号	名　称	描述	关联数量	关联类型	是否扩展
1	cim:ConductingEquipment.Terminals	包含端子	0..n	cim:Terminal	否
2	cim:ConductingEquipment.BaseVoltage	基准电压	0..1	cim:BaseVoltage	否
3	cim:Equipment.MemberOf_Equipment Container	所属设备容器	0..1	cim:Equipment Container	否

11.1.9 隔离开关类（cim：Disconnector）

表 11-9　　　　　隔离开关类（cim：Disconnector）——IEC 61970-CIM 定义

属　　性					
序号	名　称	描述	数据类型	量纲	属性要求	是否扩展
1	cim:Naming.name	名称	String		要求采用调度命名	否
2	cim:Naming.aliasName	别名	String		按照设备通用命名规范	否

序号	名　　称	描述	数据类型	量纲	属性要求	是否扩展
3	cim:Naming.description	描述	String			否
4	e301:Naming.ID	通用资源标识符（ID）	String		全局唯一标识符	是

关　　联					
序号	名　　称	描述	关联数量	关联类型	是否扩展
1	cim:ConductingEquipment.Terminals	包含端子	0..n	cim:Terminal	否
2	cim:ConductingEquipment.BaseVoltage	基准电压	0..1	cim:BaseVoltage	否
3	cim:Equipment.MemberOf_Equipment Container	所属设备容器	0..1	cim:Equipment Container	否

11.1.10　母线段类（cim：BusbarSection）

表 11–10　　　　母线段类（cim：BusbarSection）——IEC 61970-CIM 定义

属　　性					
序号	名　　称	描述	数据类型	量纲	属性要求	是否扩展
1	cim:Naming.name	名称	String		要求采用调度命名	否
2	cim:Naming.aliasName	别名	String		按照设备通用命名规范	否
3	cim:Naming.description	描述	String			否
4	e301:Naming.ID	通用资源标识符（ID）	String		全局唯一标识符	是

关　　联					
序号	名　　称	描述	关联数量	关联类型	是否扩展
1	cim:ConductingEquipment.Terminals	包含端子	0..n	cim:Terminal	否
2	cim:ConductingEquipment.BaseVoltage	基准电压	0..1	cim:BaseVoltage	否
3	cim:Equipment.MemberOf_Equipment Container	所属设备容器	0..1	cim:Equipment Container	否

11.1.11　同步发电机类（cim：SynchronousMachine）

表 11–11　　同步发电机类（cim：SynchronousMachine）——IEC 61970-CIM 定义

属　　性					
序号	名　　称	描述	数据类型	量纲	属性要求	是否扩展
1	cim:Naming.name	名称	String		要求采用调度命名	否
2	cim:Naming.aliasName	别名	String		按照设备通用命名规范	否

序号	名　　称	描述	数据类型	量纲	属性要求	是否扩展
3	cim:Naming.description	描述	String			否
4	e301:Naming.ID	通用资源标识符（ID）	String		全局唯一标识符	是
5	e301:SynchronousMachine.rn	负序电阻	Resistance	Ω		是
6	e301:SynchronousMachine.xn	负序电抗	Resistance	Ω		是
7	cim:SynchronousMachine.r	正序电阻	Resistance	Ω		否
8	cim:SynchronousMachine.r0	零序电阻	Resistance	Ω		否
9	cim:SynchronousMachine.ratedMVA	额定视在容量	ApparentPower	MVA		否
10	cim:SynchronousMachine.x	正序电抗	Resistance	Ω		否
11	cim:SynchronousMachine.x0	零序电抗	Resistance	Ω		否
12	cim:SynchronousMachine.xDirectSubtrans	次暂态电抗 X''_d	Resistance	Ω		否
13	e301:SynchronousMachine.nominalkV	额定电压	Voltage	kV		是
14	e301:SynchronousMachine.powerFactor	功率因数	Float			是
15	e301:SynchronousMachine.ratedMW	额定容量	ActivePower	MW		是

序号	名　　称	描述	关联数量	关联类型	是否扩展
		关　　联			
1	cim:ConductingEquipment.Terminals	包含端子	0..n	cim:Terminal	否
2	cim:ConductingEquipment.BaseVoltage	基准电压	0..1	cim:BaseVoltage	否
3	cim:Equipment.MemberOf_EquipmentContainer	所属设备容器	0..1	cim:EquipmentContainer	否

11.1.12　补偿器类（cim：Compensator）

表 11-12　　　　　补偿器类（cim：Compensator）——IEC 61970-CIM 定义

序号	名　　称	描述	数据类型	量纲	属性要求	是否扩展
		属　　性				
1	cim:Naming.name	名称	String		要求采用调度命名	否
2	cim:Naming.aliasName	别名	String		按照设备通用命名规范	否
3	cim:Naming.description	描述	String			否
4	e301:Naming.ID	通用资源标识符（ID）	String		全局唯一标识符	是
5	e301:Compensator.xground	中性点小电抗	Reactance	Ω		是
6	e301:Compensator.nominalCurrent	额定电流	CurrentFlow	A		是
7	cim:Compensator.maximumkV	最大承受电压	Voltage	kV		否

序号	名 称	描述	数据类型	量纲	属性要求	是否扩展
8	cim:Compensator.nominalkV	额定电压	Voltage	kV		否
9	cim:Compensator.nominalMVA	额定容量	ApparentPower	MVA		否
10	cim:Compensator.r	正序电阻	Resistance	Ω		否
11	cim:Compensator.x	正序电抗	Reactance	Ω		否
12	cim:Compensator.compensatorType	补偿器类型	Compensator Type		串联电抗 并联电抗 串联电容 并联电容	否

关 联

序号	名 称	描述	关联数量	关联类型	是否扩展
1	e301:Compensator.NeutralGroundStatuses	中性点接地方式	0..n	e301:NeutralGroundStatus	是
2	cim:ConductingEquipment.Terminals	包含端子	0..n	cim:Terminal	否
3	cim:ConductingEquipment.BaseVoltage	基准电压	0..1	cim:BaseVoltage	否
4	cim:Equipment.MemberOf_Equipment Container	所属设备容器	0..1	cim:Equipment Container	否

11.1.13 分裂电抗器类（cim：SplitReactor）

表 11–13　　分裂电抗器类（cim：SplitReactor）——IEC61970–CIM 定义

属 性

序号	名 称	描述	数据类型	量纲	属性要求	是否扩展
1	cim:Naming.name	名称	String		要求采用调度命名	否
2	cim:Naming.aliasName	别名	String		按照设备通用命名规范	否
3	cim:Naming.description	描述	String			否
4	e301:Naming.ID	通用资源标识符（ID）	String		全局唯一标识符	是
5	e301:SplitReactor.nominalkV	额定电压	Voltage	kV		是
6	e301:SplitReactor.nominalMVA	单臂的额定容量	ApparentPower	MVA		是
7	e301:SplitReactor.x	单臂的电抗	Resistance	Ω		是
8	e301:SplitReactor.f0	互感系数	f0			是

关 联

序号	名 称	描述	关联数量	关联类型	是否扩展
1	cim:ConductingEquipment.Terminals	包含端子	0..n	cim:Terminal	否
2	cim:ConductingEquipment.BaseVoltage	基准电压	0..1	cim:BaseVoltage	否
3	cim:Equipment.MemberOf_Equipment Container	所属设备容器	0..1	cim:EquipmentContainer	否

11.1.14 间隔类（cim：Bay）

表 11–14　　　　　　　间隔类（cim：Bay）——IEC 61970-CIM 定义

	属		性			
序号	名　称	描述	数据类型	量纲	属性要求	是否扩展
1	cim:Naming.name	名称	String		要求采用调度命名	否
2	cim:Naming.aliasName	别名	String		按照设备通用命名规范	否
3	cim:Naming.description	描述	String			否
4	e301:Naming.ID	通用资源标识符（ID）	String		全局唯一标识符	是

	关		联			
序号	名　称	描述	关联数量		关联类型	是否扩展
1	cim:Bay.MemberOf_VoltageLevel	所属电压等级	0..1		cim:VoltageLevel	否
2	cim:Bay.MemberOf_Substation	所属变电站	0..1		cim:Substation	否
3	cim:EquipmentContainer.ConnectivityNodes	包含连接点	0..n		cim:ConnectivityNode	否
4	cim:EquipmentContainer.MemberOf_EquipmentContainer	包含设备	0..n		cim:EquipmentContainer	否

11.1.15 交流线类（cim：Line）

表 11–15　　　　　　　交流线类（cim：Line）——IEC 61970-CIM 定义

继承关系：Line←PowerSystemResource←Naming

	属		性			
序号	名　称	描述	数据类型	量纲	属性要求	是否扩展
1	cim:Naming.name	名称	String		要求采用调度命名	否
2	cim:Naming.aliasName	别名	String		按照设备通用命名规范	否
3	cim:Naming.description	描述	String			否
4	e301:Naming.ID	通用资源标识符（ID）	String		全局唯一标识符	是

	关		联			
序号	名　称	描述	关联数量		关联类型	是否扩展
1	cim:Line.Contains_ACLineSegments	线路包含交流线路段	0..n		cim:ACLineSegment	是
2	e301:Line.Start_Terminal	线路起始端子	0..1		cim:Terminal	是
3	E301:Line.MemberOf_SubControlArea	所属子电网	0.1		cim:SubControlArea	否

11.1.16 交流线路段类（cim：ACLineSegment）

表 11-16 交流线路段类（cim：ACLineSegment）——IEC 61970-CIM 定义

继承关系：ACLineSegment←Conductor←ConductingEquipment←
Equipment←PowerSystemResource←Naming

	属 性					
序号	名　　称	描述	数据类型	量纲	属性要求	是否扩展
1	cim:Naming.name	名称	String		要求采用调度命名	否
2	cim:Naming.aliasName	别名	String		按照设备通用命名规范	否
3	cim:Naming.description	描述	String			否
4	e301:Naming.ID	通用资源标识符（ID）	String		全局唯一标识符	是
5	cim:Conduct.r	正序电阻	Resistance	Ω	有名值	否
6	cim:Conduct.x	正序电抗	Resistance	Ω	有名值	否
7	cim:Conduct.bch	正序电纳	Conductance	S	有名值	否
8	cim:Conduct.gch	正序电导	Conductance	S	有名值	否
9	cim:Conduct.r0	零序电阻	Resistance	Ω	有名值	否
10	cim:Conduct.x0	零序电抗	Resistance	Ω	有名值	否
11	cim:Conduct.b0ch	零序电纳	Conductance	S	有名值	否
12	cim:Conduct.g0ch	零序电导	Conductance	S	有名值	否
13	cim:Conduct.length	线路长度	Float	km		否
	关 联					
序号	名　　称	描述	关联数量		关联类型	是否扩展
1	e301: ACLineSegment .MutualDatas	互感数据	0..n		e301:MutualData	是
2	e301:ACLineSegment .MutualGroup	所属互感组	0..1		e301: MutualGroup	是
3	Cim: ConductingEquipment.Terminals	包含端子	0..n		Cim:Terminal	否
4	Cim: ConductingEquipment.BaseVoltage	基准电压	0..1		Cim:BaseVoltage	否
5	Cim:Equipment.MemberOf_Equipment Container	所属设备容器	0..1		Cim:Equipment Container	否

11.1.17 线路互感组（e301：MutualGroup）

表 11-17 线路互感组（e301：MutualGroup）——e301 扩展定义

继承关系：MutualGroup←OrdNaming←Naming

	属 性					
序号	名　　称	描述	数据类型	量纲	属性要求	是否扩展
1	cim:Naming.name	名称	String		要求采用调度命名	否
2	cim:Naming.aliasName	别名	String		按照设备通用命名规范	否

序号	名　称	描述	数据类型	量纲	属性要求	是否扩展
3	cim:Naming.description	描述	String			否
4	e301:Naming.ID	通用资源标识符（ID）	String		全局唯一标识符	是

关　　联

序号	名　称	描述	关联数量	关联类型	是否扩展
1	E301: MutualGroup .MutualDatas	互感组	0..n	E301:MutualData	是
2	E301: MutualGroup .ACLineSegments	包含线路段	0..n	cim:ACLineSegment	是
3	E301: MutualGroup .SameNameTerminals	互感线路同名端	0..n	Cim:Terminal	是
4	E301: MutualGroup .SubControlArea	所属的子电网	1	Cim:SubControlArea	是

11.1.18　线路零序互感数据类（e301：MutualData）

表 11−18　　线路零序互感数据类（e301：MutualData）——e301 扩展定义

继承关系：MutualData←OrdNaming←Naming

属　　性

序号	名　称	描述	数据类型	量纲	属性要求	是否扩展
1	cim:Naming.name	名　称	String		要求采用调度命名	否
2	cim:Naming.aliasName	别名	String		按照设备通用命名规范	否
3	cim:Naming.description	描述	String			否
4	e301:Naming.ID	通用资源标识符（ID）	String		全局唯一标识符	是
5	E301:MutualData.r	互感电阻	Resistance	Ω	有名值	是
6	E301:MutualData.x	互感电抗	Resistance	Ω	有名值	是
7	E301:MutualData.Perhead1	线路 1 上互感部分首端距线路首节点的百分比	Float			是
8	E301:MutualData.Pertail1	线路 1 上互感部分首端距线路末节点的百分比	Float			是
9	E301:MutualData.Perhead2	线路 2 上互感部分首端距线路首节点的百分比	Float			是
10	E301:MutualData.Pertail2	线路 2 上互感部分首端距线路末节点的百分比	Float			是

	关	联			
序号	名　　称	描述	关联数量	关联类型	是否扩展
1	E301: MutualData . ACLineSegments	互感线路段	0..n	cim:ACLineSegment	是
2	E301: MutualData.MutualGroup	互感组	1	E301: MutualGroup	是

11.1.19　变压器类（PowerTransformer）

表 11-19　　　　变压器类（PowerTransformer）——IEC 61970-CIM 定义

继承关系：PowerTransformer←Equipment←PowerSystemResource←Naming

	属	性				
序号	名　　称	描述	数据类型	量纲	属性要求	是否扩展
1	cim:Naming.name	名称	String		要求采用调度命名	否
2	cim:Naming.aliasName	别名	String		按照设备通用命名规范	否
3	cim:Naming.description	描述	String			否
4	e301: PowerTransformer.Type	变压器类型	Int		1：两绕组 2：三绕组 3：四卷变 4：自耦变 5：分裂变	是
5	e301:Naming.ID	通用资源标识符（ID）	String		全局唯一标识符	是

	关	联			
序号	名　　称	描述	关联数量	关联类型	是否扩展
1	Cim:PowerTransformer Contains_TransformerWindings	变压器绕组	1..n	cim: TransformerWinding	否
2	Cim:Equipment. MemberOf_EquipmentContainer	所属设备容器	0..1	cim: EquipmentContainer	否

11.1.20　变压器绕组类（TransformerWindings）

表 11-20　　　变压器绕组类（TransformerWindings）——IEC 61970-CIM 定义

继承关系：TransformerWinding←ConductingEquipment←
Equipment←PowerSystemResource←Naming

	属	性				
序号	名　　称	描述	数据类型	量纲	属性要求	是否扩展
1	cim:Naming.name	名称	String		要求采用调度命名	否
2	cim:Naming.aliasName	别名	String		按照设备通用命名规范	否

序号	名 称	描述	数据类型	量纲	属性要求	是否扩展
3	cim:Naming.description	描述	String			否
4	e301:Naming.ID	通用资源标识符（ID）	String		全局唯一标识符	是
5	cim: TransformerWinding.connectionType	绕组接线方式	String			否
6	cim: TransformerWinding.r	正序电阻	Resistance	Ω		否
7	cim: TransformerWinding.r0	零序电阻	Resistance	Ω		否
8	cim: TransformerWinding.ratedKV	额定电压	Voltage	kV		否
9	cim: TransformerWinding.ratedMVA	额定容量	Apparent Power	MVA		否
10	cim: TransformerWinding.windingType	绕组顺序	String			否
11	cim: TransformerWinding.x	正序电抗	Resistance	Ω		否
12	cim: TransformerWinding.x0	零序电抗	Resistance	Ω		否
13	e301:TransformerWinding.x0m	零序接地电抗	float	Ω		是
14	cim: TransformerWinding.connectionClock	钟点描述	Int			否

关 联					
序号	名 称	描述	关联数量	关联类型	
1	cim: TransformerWinding.MemberOf_PowerTransformer	变压器	1	cim:PowerTransformer	否
2	Cim: ConductingEquipment.Terminals	包含端子	0..n	cim:Terminal	否
3	cim:ConductingEquipment.BaseVoltage	基准电压	0..1	cim:BaseVoltage	否

注 1. T 接线说明：T 接线是由线路（cim:Line）加 T 接点组成，例如，厂站 A、B、C 之间有 T 接线 TA、TB、TC，则 TA 段是由 A 至 T 接点，TB 段是由 T 至 B，TC 段是由 T 至 C。

（1）互感组的数据表示方式：

线路段名 称	同名侧	同名端	华赵Ⅰ线_1	华赵Ⅱ线_1
华赵Ⅰ线_1	华德厂	T2_LnSeg	12.159800	4.84
华赵Ⅱ线_1	华德厂	T2_LnSeg	4.84	12.159800
互感线路			4.84，零序互感，有名值；12.159800 代表本线路零序电抗	4.84，零序互感，有名值；12.159800 代表本线路零序电抗

（2）绕组测试类（WindingTest）非扩展类，其作用主要是根据变压器绕组实验数据，计算变压器零序阻抗数据。

11.2 电网方式模型描述

11.2.1 厂站方式描述类（SubstationMode）

表 11–21   厂站方式描述类（SubstationMode）

属　　　　　性					
序号	名　　称	描述	数据类型	量纲	属性要求	是否扩展
1	cim:Naming.name	名称	String			否
2	cim:Naming.aliasName	别名	String			否
3	cim:Naming.description	描述	String			否
4	e301:Naming.ID	通用资源标识符（ID）	String		全局唯一标识符	是

关　　　　　联				
序号	名　　称	描述	关联数量	关联类型	是否扩展
1	e301:SubstationMode.Substation	厂站	1	cim:Substation	是
2	e301:SubstationMode.SwitchPositions	开关位置	0..n	e301:SwitchPosition	是
3	e301:SubstationMode.Neutral GroundStatuses	中性点接地状态	0..n	e301:Neutral GroundStatus	是
4	e301:SubstationMode.Related_SystemMode	相关联的系统方式	0..n	e301:SystemMode	是

11.2.2 中性点接地状态类（NeutralGroundStatus）

表 11–22   中性点接地状态类（NeutralGroundStatus）

属　　　　　性					
序号	名　　称	描述	数据类型	量纲	属性要求	是否扩展
1	cim:Naming.name	名称	String		系统中的厂站中文名称	否
2	cim:Naming.aliasName	别名	String			否
3	cim:Naming.description	描述	String			否
4	e301:Naming.ID	通用资源标识符（ID）	String		全局唯一标识符	是
5	e301:NeutralGroundStatus.state	接地状态	Neutual GroundStatus Type		是	是

关　　　　　联				
序号	名　　称	描述	关联数量	关联类型	是否扩展
1	e301:NeutralGroundStatus.SubstationMode	所属厂站方式	1	e301:SubstationMode	是
2	e301:NeutralGroundStatus.Transformer Winding	变压器绕组	0..1	cim:TransformerWinding	是
3	e301:NeutralGroundStatus.Compensator	补偿器	0..1	cim:Compensator	是

11.2.3 开关位置描述类（SwitchPosition）

表 11-23

表 11-23   开关位置描述类（SwitchPosition）

属　　性						
序号	名　　称	描述	数据类型	量纲	属性要求	是否扩展
1	cim:Naming.name	名称	String		系统中的厂站中文名称	否
2	cim:Naming.aliasName	别名	String			否
3	cim:Naming.description	描述	String			否
4	e301:Naming.ID	通用资源标识符（ID）	String		全局唯一标识符	是
5	e301:SwitchPosition.state	状态值	SwitchState			是

关　　联					
序号	名　　称	描述	关联数量	关联类型	是否扩展
1	e301:Switch	描述的开关	1	Switch.SwitchPositions	是
2	e301:SubstationMode	所属厂站方式	0..1	SubstationMode.SwitchPositions	是
3	e301:Inner_EquivalentSource	以本开关作内端口的等值端口	0..n	EquivalentSource.Inner_SwitchPositions	是
4	e301:Outer_EquivalentSource	以本开关作外端口的等值端口	0..n	EquivalentSource.Outer_SwitchPositions	是

11.2.4 系统方式类（SystemMode）

表 11-24   系统方式类（SystemMode）

属　　性						
序号	名　　称	描述	数据类型	量纲	属性要求	是否扩展
1	cim:Naming.name	名称	String		系统中的厂站中文名称	否
2	cim:Naming.aliasName	别名	String			否
3	cim:Naming.description	描述	String			否
4	e301:Naming.ID	通用资源标识符（ID）	String		全局唯一标识符	是
5	e301:SystemMode.fs_Space	所属方式定义空间	String			是

关　　联					
序号	名　　称	描述	关联数量	关联类型	是否扩展
1	e301:SystemMode.SysLineStates	包含线路状态	0..n	e301:SysLineState	是
2	e301:SystemMode.SystemModes	包含的子系统方式	0..n	e301: SystemModes	是

序号	名　称	描述	数据类型	量纲	属性要求	是否扩展
3	e301:NetMode A_Substations	包含的厂站方式	0..n		e301:A_Substation	是
4	e301:NetMode A_EquiNetworks	包含的等值网络描述	0..n		e301:A_EquiNetwork	是

11.2.5　线路状态类（SysLineState）

表 11-25　　　　　　　　　　线路状态类（SysLineState）

属　　性						
序号	名　称	描述	数据类型	量纲	属性要求	是否扩展
1	cim:Naming.name	名称	String		系统中的厂站中文名称	否
2	cim:Naming.aliasName	别名	String			否
3	cim:Naming.description	描述	String			否
4	e301:Naming.ID	通用资源标识符（ID）	String		全局唯一标识符	是
5	e301:SysLineState.groundFlag	计算接地挂检	Boolean		是否	是

关　　联					
序号	名　称	描述	关联数量	关联类型	是否扩展
1	e301:SysLineState.SystemMode	所属系统方式	0..1	e301:SystemMode	是
2	e301:SysLineState.BreakTerminal	线路端子	0..n	cim:Terminal	是
3	e301:SysLineState.Line	线路	0..1	cim:Line	是

11.2.6　等值网络类（EquiNetwork）

表 11-26　　　　　　　　　　等值网络类（EquiNetwork）

属　　性						
序号	名　称	描述	数据类型	量纲	属性要求	是否扩展
1	cim:Naming.name	名称	String		系统中的厂站中文名称	否
2	cim:Naming.aliasName	别名	String			否
3	cim:Naming.description	描述	String			否
4	e301:Naming.ID	通用资源标识符（ID）	String		全局唯一标识符	是

序号	名　称	描述	关联数量	关联类型	是否扩展
		关　联			
1	e301:EquiNetwork.EquiNetworkModes	关联的等值网络方式	1	e301:EquiNetwork	是
2	e301:EquiNetwork. EquiTerminals	包含的等值端子	0..n	e301:EquiZElement	是

11.2.7　等值端子（EquiTerminal）

表 11-27　　　　　　　　　等值端子类（EquiTerminal）

序号	名　称	描述	数据类型	量纲	属性要求	是否扩展
			属　性			
1	cim:Naming.name	名称	String		要求采用调度命名	否
2	cim:Naming.aliasName	别名	String		按照设备通用命名规范	否
3	cim:Naming.description	描述	String			否
4	e301:Naming.ID	通用资源标识符（ID）	String		全局唯一标识符	是
5	E301:EquiNetworkMode.ord	序号	ULong		模型文件中唯一标识	否

序号	名　称	描述	关联数量	关联类型	是否扩展
		关　联			
1	e301:EquiNetwork.EquiNetworkModes	关联的等值网络方式	1	e301:EquiNetwork	是
2	e301:EquiNetwork. EquiTerminals	包含的等值端子	0..n	e301:EquiZElement	是

11.2.8　等值网络方式类（EquiNetworkMode）

表 11-28　　　　　　　　等值网络方式类（EquiNetworkMode）

序号	名　称	描述	数据类型	量纲	属性要求	是否扩展
			属　性			
1	cim:Naming.name	名称	String		系统中的厂站中文名称	否
2	cim:Naming.aliasName	别名	String			否
3	cim:Naming.description	描述	String			否
4	e301:Naming.ID	通用资源标识符（ID）	String		全局唯一标识符	是

序号	名　称	描述	关联数量	关联类型	是否扩展
		关　联			
1	e301:EquiNetworkMode.EquiNetwork	等值支路	1	e301:EquiNetwork	是

序号	名　　称	描述	关联数量	关联类型	是否扩展
2	e301:EquiNetworkMode. EquiImpedanceSelfs	等值自阻抗阵数据	0..n	e301: EquiImpedanceSelf	是
3	e301:EquiNetworkMode. EquiImpedanceMutauls	等值互阻抗数据	0..n	e301: EquiImpedanceMutaul	是
4	e301:EquiNetworkMode. EquiLineZes	等值支路阻抗数据	0..n	e301:EquiLineZ	是
5	e301:EquiNetworkMode.SystemMode	等值网络方式所属系统方式	0..1	e301:SystemMode	是

11.2.9　等值自阻抗类（EquiImpedanceSelf）

表 11-29　　　　　　　　等值自阻抗类（EquiImpedanceSelf）

序号	名　　称	描述	数据类型	量纲	属性要求	是否扩展
			属　　性			
1	cim:Naming.name	名称	String		要求采用调度命名	否
2	cim:Naming.aliasName	别名	String		按照设备通用命名规范	否
3	cim:Naming.description	描述	String		可空	否
4	e301:Naming.ID	通用资源标识符（ID）	String		全局唯一标识符	是
5	e301:EquiImpedanceSelf.r	正序阵该元素的电阻值	Float		可空	是
6	e301:EquiImpedanceSelf.x	正序阵该元素的电抗值	Float			是
7	e301:EquiImpedanceSelf.r0	零序阵该元素的电阻值	Float		可空	是
8	e301:EquiImpedanceSelf.x0	零序阵该元素的电抗值	Float			是

序号	名　　称	描述	关联数量	关联类型	是否扩展
		关　　联			
1	e301:EquiImpedanceSelf. EquiNetworkMode	所属的等值网络方式	0..1	e301:EquiNetwork Mode	是
2	e301:EquiImpedanceSelf.Terminal	关联的端子	0..1	cim: Terminal	是

11.2.10　等值互阻抗类（EquiImpedanceMutual）

表 11-30　　　　　　　　等值互阻抗类（EquiImpedanceMutual）

序号	名　　称	描述	数据类型	量纲	属性要求	是否扩展
			属　　性			
1	cim:Naming.name	名称	String		要求采用调度命名	否

序号	名 称	描述	数据类型	量纲	属性要求	是否扩展
2	cim:Naming.aliasName	别名	String		按照设备通用命名规范	否
3	cim:Naming.description	描述	String		可空	否
4	e301:Naming.ID	通用资源标识符（ID）	String		全局唯一标识符	是
5	e301:EquiImpedanceMutual.r	正序阵该元素的电阻值	Float		可空	是
6	e301:EquiImpedanceMutual.x	正序阵该元素的电抗值	Float			是
7	e301:EquiImpedanceMutual.r0	零序阵该元素的电阻值	Float		可空	是
8	e301:EquiImpedanceMutual.x0	零序阵该元素的电抗值	Float			是

		关 联			
序号	名 称	描述	关联数量	关联类型	是否扩展
1	e301:EquiImpedanceMutual.EquiNetworkMode	所属的等值网络方式	1	e301:EquiNetworkMode	是
2	e301:EquiImpedanceMutual.Terminals	关联的端子（为两个端子，说明是那两个端子自阻抗）	2	e301: EquiTerminal	是

11.2.11 等值支路阻抗（EquiLineZ）

表 11-31 等值支路阻抗类（EquiLineZ）

		属 性			
序号	名 称	描述	数据类型	量纲	属性要求	是否扩展
1	cim:Naming.name	名称	String		要求采用调度命名	否
2	cim:Naming.aliasName	别名	String		按照设备通用命名规范	否
3	cim:Naming.description	描述	String		可空	否
4	e301:Naming.ID	通用资源标识符（ID）	String		全局唯一标识符	是
5	e301:EquiLineZ.r	正序阵改元素的电阻值	Float		可空	是
6	e301:EquiLineZ.x	正序阵该元素的电抗值	Float			是
7	e301:EquiLineZ.m	零序阵该元素的电阻值	Float		可空	是

序号	名　　称	描述	数据类型	量纲	属性要求	是否扩展
8	e301:EquiLineZ.xn	零序阵该元素的电抗值	Float			是

	关　　联				
序号	名　　称	描述	关联数量	关联类型	是否扩展
1	e301:EquiLineZ.EquiNetworkModes	所属的等值网络方式	1	e301:EquiNetwork	是

11.3　二次设备信息

11.3.1　线路零序电流保护（LineProtectionZero）

表 11–32　　　　　　　　　　线路零序电流保护（LineProtectionZero）

	属　　　　性					
序号	名　　称	描述	数据类型	量纲	属性要求	是否扩展
1	cim:Naming.name	名称	String		系统中的厂站中文名称	否
2	cim:Naming.aliasName	别名	String			否
3	cim:Naming.description	描述	String			否
4	e301:Naming.ID	通用资源标识符（ID）	String		全局唯一标识符	是
5	I01	Ⅰ段动作定值	CurrentFlow	A		是
6	I02	Ⅱ段动作定值	CurrentFlow	A		是
7	I03	Ⅲ段动作定值	CurrentFlow	A		是
8	I04	Ⅳ段动作定值	CurrentFlow	A		是
9	T1	Ⅰ段动作时间	Float	S		是
10	T2	Ⅱ段动作时间	Float	S		是
11	T3	Ⅲ段动作时间	Float	S		是
12	T4	Ⅳ段动作时间	Float	S		是

	关　　　　联				
序号	名　　称	描述	关联数量	关联类型	是否扩展
1	cim:LineProtectionZero.Terminal	关联的端子	0..n	e301:EquiNetwork	是

11.3.2 线路相间距离保护（LineProtectionPhase）

表 11-33 线路相间距离保护（LineProtectionPhase）

序号	名称	描述	数据类型	量纲	属性要求	是否扩展
属		性				
1	cim:Naming.name	名称	String		系统中的厂站中文名称	否
2	cim:Naming.aliasName	别名	String			否
3	cim:Naming.description	描述	String			否
4	e301:Naming.ID	通用资源标识符（ID）	String		全局唯一标识符	是
5	Zpp1	Ⅰ段动作定值	Resistance	Ω		是
6	Zpp2	Ⅱ段动作定值	Resistance	Ω		是
7	Zpp3	Ⅲ段动作定值	Resistance	Ω		是
8	Tpp1	Ⅰ段动作时间	Float	Ω		是
9	Tpp2	Ⅱ段动作时间	Float	S		是
10	Tpp3	Ⅲ段动作时间	Float	S		是

序号	名称	描述	关联数量	关联类型	是否扩展
关		联			
1	cim:LineProtectionZero.Terminal	关联的端子	0..n	e301:EquiNetwork	是

11.3.3 线路接地距离保护（LineProtectionGrounding）

表 11-34 线路接地距离保护（LineProtectionGrounding）

序号	名称	描述	数据类型	量纲	属性要求	是否扩展
属		性				
1	cim:Naming.name	名称	String		系统中的厂站中文名称	否
2	cim:Naming.aliasName	别名	String			否
3	cim:Naming.description	描述	String			否
4	e301:Naming.ID	通用资源标识符（ID）	String		全局唯一标识符	是
5	Zp1	Ⅰ段动作定值	Resistance	Ω		是
6	Zp2	Ⅱ段动作定值	Resistance	Ω		是
7	Zp3	Ⅲ段动作定值	Resistance	Ω		是
8	Tp1	Ⅰ段动作时间	Float	S		是
9	Tp2	Ⅱ段动作时间	Float	S		是

序号	名 称	描述	数据类型	量纲	属性要求	是否扩展
10	Tp3	Ⅲ段动作时间	Float	S		是

关 联					
序号	名 称	描述	关联数量	关联类型	是否扩展
1	cim:LineProtectionZero.Terminal	关联的端子	0..n	e301:EquiNetwork	是

11.3.4 变压器复合电压闭锁过流保护（TranProtectionCurrent）

表 11–35　　　　变压器复合电压闭锁过流保护（TranProtectionCurrent）

属 性						
序号	名 称	描述	数据类型	量纲	属性要求	是否扩展
1	cim:Naming.name	名称	String		系统中的厂站中文名称	否
2	cim:Naming.aliasName	别名	String			否
3	cim:Naming.description	描述	String			否
4	e301:Naming.ID	通用资源标识符（ID）	String		全局唯一标识符	是
5	U	低电压定值	Voltage	kV		是
6	U2	负序电压定值	Voltage	kV		是
7	Ip1	Ⅰ段动作定值	CurrentFlow	A		是
8	Ip1Orientation	Ⅰ段定值方向	Float			是
9	Tp11	Ⅰ段动作时限1	Float	S		是
10	ActivateObjectTp11	Ⅰ段动作时限1动作策略	Int		0跳母联1跳本侧2跳其他侧3跳各侧	是
11	Tp12	Ⅰ段动作时限2	Float	S		是
12	ActivateObjectTp12	Ⅰ段动作时限2动作策略	Int		0跳母联1跳本侧2跳其他侧3跳各侧	是
13	Tp13	Ⅰ段动作时限3	Float	S		是
14	ActivateObjectTp13	Ⅰ段动作时限3动作策略	Int		0跳母联1跳本侧2跳其他侧3跳各侧	是
15	Ip2	Ⅱ段动作定值	CurrentFlow	A		是
16	Ip2Orientation	Ⅱ段定值方向	Float			是
17	Tp21	Ⅱ段动作时限1	Float	S		是
18	ActivateObjectTp21	Ⅱ段动作时限1动作策略	Int		0跳母联1跳本侧2跳其他侧3跳各侧	是
19	Tp22	Ⅱ段动作时限2	Float	S		是
20	ActivateObjectTp22	Ⅱ段动作时限2动作策略	Int		0跳母联1跳本侧2跳其他侧3跳各侧	是

序号	名　　称	描述	数据类型	量纲	属性要求	是否扩展
21	Tp23	Ⅱ段动作时限3	Float	S		是
22	ActivateObjectTp23	Ⅱ段动作时限3动作策略	Int		0跳母联1跳本侧2跳其他侧3跳各侧	是
23	Ip3	Ⅲ段动作定值	CurrentFlow	A		是
24	Ip3Orientation	Ⅲ段定值方向	Float			是
25	Tp31	Ⅲ段动作时限1	Float	S		是
26	ActivateObjectTp31	Ⅲ段动作时限1动作策略	Int		0跳母联1跳本侧2跳其他侧3跳各侧	是
27	Tp32	Ⅲ段动作时限2	Float	S		是
28	ActivateObjectTp32	Ⅲ段动作时限2动作策略	Int		0跳母联1跳本侧2跳其他侧3跳各侧	是
29	Tp33	Ⅲ段动作时限3	Float	S		是
30	ActivateObjectTp33	Ⅲ段动作时限3动作策略	Int		0跳母联1跳本侧2跳其他侧3跳各侧	是

关　　联					
序号	名　　称	描述	关联数量	关联类型	是否扩展
1	cim:LineProtectionZero.Terminal	关联的端子	0..n	e301:EquiNetwork	是

11.3.5　变压器零序保护（TranProtectionZero）

表 11-36　　　　　　　　　变压器零序保护（TranProtectionZero）

属　　性					
序号	名　　称	描述	数据类型	量纲	属性要求	是否扩展
---	---	---	---	---	---	---
1	cim:Naming.name	名称	String		系统中的厂站中文名称	否
2	cim:Naming.aliasName	别名	String			否
3	cim:Naming.description	描述	String			否
4	e301:Naming.ID	通用资源标识符（ID）	String		全局唯一标识符	是
5	I01	Ⅰ段动作定值	CurrentFlow	A		是
6	I01Orientation	Ⅰ段定值方向	Float			是
7	T11	Ⅰ段动作时限1	Float	S		是
8	ActivateObjectT11	Ⅰ段动作时限1动作策略	Int		0跳母联1跳本侧2跳其他侧3跳各侧	是
9	T12	Ⅰ段动作时限2	Float	S		是
10	ActivateObjectT12	Ⅰ段动作时限2动作策略	Int		0跳母联1跳本侧2跳其他侧3跳各侧	是

序号	名　　称	描述	数据类型	量纲	属性要求	是否扩展
11	T13	Ⅰ段动作时限3	Float	S		是
12	ActivateObjectT13	Ⅰ段动作时限3动作策略	Int		0 跳母联 1 跳本侧 2 跳其他侧 3 跳各侧	是
13	I02	Ⅱ段动作定值	CurrentFlow	A		是
14	I02Orientation	Ⅱ段定值方向	Float			是
15	T21	Ⅱ段动作时限1	Float	S		是
16	ActivateObjectT21	Ⅱ段动作时限1动作策略	Int		0 跳母联 1 跳本侧 2 跳其他侧 3 跳各侧	是
17	T22	Ⅱ段动作时限2	Float	S		是
18	ActivateObjectT22	Ⅱ段动作时限2动作策略	Int		0 跳母联 1 跳本侧 2 跳其他侧 3 跳各侧	是
19	T23	Ⅱ段动作时限3	Float	S		是
20	ActivateObjectT23	Ⅱ段动作时限3动作策略	Int		0 跳母联 1 跳本侧 2 跳其他侧 3 跳各侧	是
21	I03	Ⅲ段动作定值	CurrentFlow	A		是
22	I03Orientation	Ⅲ段定值方向	Float			是
23	T31	Ⅲ段动作时限1	Float	S		是
24	ActivateObjectT31	Ⅲ段动作时限1动作策略	Int		0 跳母联 1 跳本侧 2 跳其他侧 3 跳各侧	是
25	T32	Ⅲ段动作时限2	Float	S		是
26	ActivateObjectT32	Ⅲ段动作时限2动作策略	Int		0 跳母联 1 跳本侧 2 跳其他侧 3 跳各侧	是
27	T33	Ⅲ段动作时限3	Float	S		是
28	ActivateObjectT33	Ⅲ段动作时限3动作策略	Int		0 跳母联 1 跳本侧 2 跳其他侧 3 跳各侧	是

关　　　联					
序号	名　　称	描述	关联数量	关联类型	是否扩展
1	cim:LineProtectionZero.Terminal	关联的端子	0..n	e301:EquiNetwork	是

11.3.6　变压器相间距离保护（TranProtectionPhase）

表 11-37　　　　　　　变压器相间距离保护（TranProtectionPhase）

属　　　性					
序号	名　　称	描述	数据类型	量纲	属性要求	是否扩展
1	cim:Naming.name	名称	String		系统中的厂站中文名称	否
2	cim:Naming.aliasName	别名	String			否

序号	名　称	描述	数据类型	量纲	属性要求	是否扩展
3	cim:Naming.description	描述	String			否
4	e301:Naming.ID	通用资源标识符（ID）	String		全局唯一标识符	是
5	Zpp1	Ⅰ段动作定值	Resistance	Ω		是
6	Zpp1Orientation	Ⅰ段定值方向	Float			是
7	Tpp11	Ⅰ段动作时限1	Float	S		是
8	ActivateObjectTpp11	Ⅰ段动作时限1动作策略	Int		0跳母联1跳本侧2跳其他侧3跳各侧	是
9	Tpp12	Ⅰ段动作时限2	Float	S		是
10	ActivateObjectTpp12	Ⅰ段动作时限2动作策略	Int		0跳母联1跳本侧2跳其他侧3跳各侧	是
11	Tpp13	Ⅰ段动作时限3	Float	S		是
12	ActivateObjectTpp13	Ⅰ段动作时限3动作策略	Int		0跳母联1跳本侧2跳其他侧3跳各侧	是
13	Zpp2	Ⅱ段动作定值	Resistance	Ω		是
14	Zpp2Orientation	Ⅱ段定值方向	Float			是
15	Tpp21	Ⅱ段动作时限1	Float	S		是
16	ActivateObjectTpp21	Ⅱ段动作时限1动作策略	Int		0跳母联1跳本侧2跳其他侧3跳各侧	是
17	Tpp22	Ⅱ段动作时限2	Float	S		是
18	ActivateObjectTpp22	Ⅱ段动作时限2动作策略	Int		0跳母联1跳本侧2跳其他侧3跳各侧	是
19	Tpp23	Ⅱ段动作时限3	Float	S		是
20	ActivateObjectTpp23	Ⅱ段动作时限3动作策略	Int		0跳母联1跳本侧2跳其他侧3跳各侧	是
21	Zpp3	Ⅲ段动作定值	Resistance	Ω		是
22	Zpp3Orientation	Ⅲ段定值方向	Float			是
23	Tpp31	Ⅲ段动作时限1	Float	S		是
24	ActivateObjectTpp31	Ⅲ段动作时限1动作策略	Int		0跳母联1跳本侧2跳其他侧3跳各侧	是
25	Tpp32	Ⅲ段动作时限2	Float	S		是
26	ActivateObjectTpp32	Ⅲ段动作时限2动作策略	Int		0跳母联1跳本侧2跳其他侧3跳各侧	是
27	Tpp33	Ⅲ段动作时限3	Float	S		是
28	ActivateObjectTpp33	Ⅲ段动作时限3动作策略	Int		0跳母联1跳本侧2跳其他侧3跳各侧	是

关　　联				
序号	名　称	描述	关联数量	关联类型	是否扩展
1	cim:LineProtectionZero.Terminal	关联的端子	0..n	e301:EquiNetwork	是

185

11.3.7 变压器接地距离保护（TranProtectionGrounding）

表 11-38 变压器接地距离保护（TranProtectionGrounding）

序号	名称	描述	数据类型	量纲	属性要求	是否扩展
			属 性			
1	cim:Naming.name	名称	String		系统中的厂站中文名称	否
2	cim:Naming.aliasName	别名	String			否
3	cim:Naming.description	描述	String			否
4	e301:Naming.ID	通用资源标识符（ID）	String		全局唯一标识符	是
5	Zp1	Ⅰ段动作定值	Resistance	Ω		是
6	Zp1Orientation	Ⅰ段定值方向	Float			是
7	Tp11	Ⅰ段动作时限1	Float	S		是
8	ActivateObjectTp11	Ⅰ段动作时限1动作策略	Int		0跳母联1跳本侧2跳其他侧3跳各侧	是
9	Tp12	Ⅰ段动作时限2	Float	S		是
10	ActivateObjectTp12	Ⅰ段动作时限2动作策略	Int		0跳母联1跳本侧2跳其他侧3跳各侧	是
11	Tp13	Ⅰ段动作时限3	Float	S		是
12	ActivateObjectTp13	Ⅰ段动作时限3动作策略	Int		0跳母联1跳本侧2跳其他侧3跳各侧	是
13	Zp2	Ⅱ段动作定值	Resistance	Ω		是
14	Zp2Orientation	Ⅱ段定值方向	Float			是
15	Tp21	Ⅱ段动作时限1	Float	S		是
16	ActivateObjectTp21	Ⅱ段动作时限1动作策略	Int		0跳母联1跳本侧2跳其他侧3跳各侧	是
17	Tp22	Ⅱ段动作时限2	Float	S		是
18	ActivateObjectTp22	Ⅱ段动作时限2动作策略	Int		0跳母联1跳本侧2跳其他侧3跳各侧	是
19	Tp23	Ⅱ段动作时限3	Float	S		是
20	ActivateObjectTp23	Ⅱ段动作时限3动作策略	Int		0跳母联1跳本侧2跳其他侧3跳各侧	是
21	Zp3	Ⅲ段动作定值	Resistance	Ω		是
22	Zp3Orientation	Ⅲ段定值方向	Float			是
23	Tp31	Ⅲ段动作时限1	Float	S		是
24	ActivateObjectTp31	Ⅲ段动作时限1动作策略	Int		0跳母联1跳本侧2跳其他侧3跳各侧	是
25	Tp32	Ⅲ段动作时限2	Float	S		是
26	ActivateObjectTp32	Ⅲ段动作时限2动作策略	Int		0跳母联1跳本侧2跳其他侧3跳各侧	是

序号	名　　称	描述	数据类型	量纲	属性要求	是否扩展
27	Tp33	Ⅲ段动作时限 3	Float	S		是
28	ActivateObjectTp33	Ⅲ段动作时限 3 动作策略	Int		0 跳母联 1 跳本侧 2 跳其他侧 3 跳各侧	是

关　　联					
序号	名　　称	描述	关联数量	关联类型	是否扩展
1	cim:LineProtectionZero.Terminal	关联的端子	0..n	e301:EquiNetwork	是

11.4　基于 CIM-G 的图形模型描述

11.4.1　图形交换特征

本规范规定图形对象交换格式需要具备以下特征：

（1）详细说明了连接图形对象和领域数据的基本方法。领域数据和图形对象将各自独立交换。

（2）支持与领域数据没有关联关系的图形对象的交换，例如纯粹的静态背景对象。

（3）复杂对象的交换支持热点连接，支持命名和菜单，支持曲线和棒图，支持声音、图像、动画，支持事件。

（4）支持在相同或不同的图形中同一领域对象的多种表现形式。

（5）支持在没有领域拓扑模型的情况下使用图形拓扑来描述拓扑关系。

（6）支持图形对象按层或其他方式分布，实现基于缩放级别和/或用户关注的角度显示或隐藏一些信息。

（7）图形文件包括两类：一类是描述图形自身的文件，另一类包含对于系统中图元、间隔、字体和颜色等公用部分的描述。

11.4.2　G 语言文件结构

1. 基本结构

G 语言文件包括注释（可选）、声明、根元素、平面元素、基本绘图元素及电网图形元素等部分。

2. 注释

用"<!--　-->"表示，表明此行为注释行或说明行。注释可以独立一行，也允许在行的后部。

3. 声明

左尖括号和问号并列"<?"引导声明行，行结束符为"?>"，说明 G 语言的版本，编码方式等。格式如：

```
<?xml version="1.0" encoding="UTF-8"?>
```

4. 元素

元素用于标示基本绘图对象和电网设备的类型及其相关特征，包括元素名和属性两个部分。

元素名用于标示对象的类型。使用"<元素名>"表示元素的开始，"</元素名>"表示元素的结束。如果该元素无子元素，则可以用简化方式"<元素名 />"表示。

属性用于描述该对象的特征，紧跟在元素名后面，具有属性名和属性值两个部分。属性名与属性值之间使用"="连接，各属性之间用一个或多个空格连接，各属性不分先后。同一元素的属性名不能重复。属性值统一采用字符串方式，格式如"<元素名属性名 1="属性值 1" 属性名 2="属性值 2" />"。

在 G 语言中，按元素的位置结构分，可分为根元素、平面元素、基本绘图元素和电网图形元素等。关于这些元素的详细描述可参考 Q / GDW 624—2011《电网图形描述规范》。

5. 电压等级及颜色

电网和电力设备的颜色按照电压等级统一定义，G 语言在头文件中定义电压等级的颜色，引用时直接引用电压等级名称，如"kv500"表示"红色"，其值为 RGB（255，0，0）。

这里定义的颜色主要用于电力系统图形的描边（stroke）线的颜色和闭合图形填充（fill）的颜色。画面（Display）中文字（text）的颜色可以与相关设备的电压等级颜色保持一致，也可以按照用途统一颜色，如：所有静态文字采用"橙色"，所有动态文字采用"绿色"。

```
<VoltageColors>
<kv1000  "blue"        "中蓝"  RGB（0，0 ，255）/>        //
<kv800   "blue"        "中蓝"  RGB（0，0 ，255）/>        //
<kv750   "orange"      "橙色"RGB（250，128 ，10）/>//
<kv660   "orange"      "橙色"RGB（250，128 ，10）/>//
<kv500   "red"         "红色"  RGB（255，0 ，0）/>//
<kv330   "brightblue"  "亮蓝"  RGB（30，144 ，255）/>     //
<kv220   "purple"      "紫色"  RGB（128，0 ，128）/>//
<kv110   "vermeil"     "朱红"  RGB（240，65 ，85）/>     //
<kv66    "gold"        "橙黄"  RGB（255，204 ，0）/>     //
<kv35    "yellow"      "鲜黄"  RGB（255，255 ，0）/>     //
<kv20    "brown"       "梨黄"RGB（226，172 ，6）/>      //
<kv15 "darkgreen" "绿色"RGB（0，128 ，0）/>        //      kv15.75
<kv13    "lightgreen"  "浅绿"RGB（0，210，0）/>//     kv13.8
<kv10    "crimson"     "绛红"RGB（185，72 ，66）/>//
<kv6     "darkbule"    "深蓝"  RGB（0，0 ，139）/>//
<kv0W    "grey"   "灰色"  RGB（128，128 ，128）/>  //       浅背景时
<kv0B    "white"  "白色"  RGB（255，255 ，255）/>  //       深背景时
</VoltageColors>
```

11.5 小结

基于公共信息模型（CIM）模型，扩展了一次设备类的相关属性、相关类型以及二次

设备类，采用统一的 G 语言图形描述规范，为整定计算一体化交互操作奠定了图形与数据基础。

11.6 参考文献

Q / GDW 422—2010　国家电网继电保护整定计算技术规范.